westermann

Karl Wilhelm Henke

Textverarbeitungskompetenzen im Büromanagement mit WORD 2019

1. Auflage 2020

Bestellnummer 7316

Vorwort

Dieses Buch orientiert sich am **Rahmenlehrplan für den Ausbildungsberuf „Kaufmann für Büromanagement und Kauffrau für Büromanagement"**. Es berücksichtigt die Lernfelder **2** (Büroprozesse gestalten und Arbeitsvorgänge organisieren), **3** (Aufträge bearbeiten), **4** (Sachgüter und Dienstleistungen beschaffen und Verträge abschließen), **5** (Kunden akquirieren und binden) und **8** (Personalwirtschaftliche Aufgaben wahrnehmen).

Mitte des 2. Ausbildungsjahres legen Sie bereits eine **Prüfung im informationstechnischen Büromanagement** vor der Industrie- und Handelskammer ab. Das Buch soll Ihnen helfen, das angestrebte Ziel sicher zu erreichen.

In diesem Buch erwerben Sie Kompetenzen im Tastschreiben. In einer Lektion erarbeiten Sie mehrere Tastwege gleichzeitig. Das hat den Vorteil, dass Sie schon früh gute Leistungen im Tastschreiben erzielen und diese Fertigkeit zeitsparend bei Ihrer Computerarbeit einsetzen können. Weiterführendes **Übungsmaterial** finden Sie auf der **Website** des Verlages. Geben Sie dort die **Bestellnummer** dieses Bandes ein.

Alle Beispiele entsprechen den Schreib- und Gestaltungsregeln für die Text- und Informationsverarbeitung (DIN 5008) aus dem Frühjahr 2020.

Wer die Lizenz für Office 365 erworben hat, bekommt immer die neueste Office-Software. Zur Zeit ist es Office 2019 mit dem Textverarbeitungsprogramm Word 2019. Bei der Arbeit mit diesem Lehrbuch wünsche ich Ihnen viel Freude und gute Unterrichtserfolge.

Soest, im Frühjahr 2020 *Karl Wilhelm Henke*

service@westermann.de
www.westermann.de

Bildungshaus Schulbuchverlage Westermann Schroedel Diesterweg Schöningh Winklers GmbH,
Postfach 33 20, 38023 Braunschweig

ISBN 978-3-8045-**7316**-1

westermann *GRUPPE*

Inhalt

Hardware

- Als „Hardware“ bezeichnet man die Baueinheiten eines Computers. Dazu gehören die Tastatur, die Zentraleinheit, der Bildschirm, externe Speicher und Drucker.

Tastatur

- Über die Tastatur werden Texte oder Befehle in die Zentraleinheit eingegeben. Die Computertastatur ist unterteilt in einen alphanumerischen Bereich (Buchstaben, Ziffern und Sonderzeichen), einen numerischen Bereich (Ziffern) und Funktionsbereiche. Die Cursortasten steuern den Cursor (Einfügemarke) auf dem Bildschirm zur gewünschten Textstelle.

- Als weitere Eingabegeräte werden auch die Maus, der Trackball (Rollkugel), der Scanner, die Spracherkennungssysteme, die Lesestifte und das Schreibtablett mit Lesestift verwendet.

Zentraleinheit

- Die Zentraleinheit ist die eigentliche Verarbeitungseinheit. Sie besteht aus dem Arbeitsspeicher (Hauptspeicher) und dem Prozessor. Der Arbeitsspeicher nimmt die Texte und Programme vorübergehend auf. Eingegebene Informationen werden vom Arbeitsspeicher an den Prozessor übertragen und dort verarbeitet. Danach gelangen sie in den Arbeitsspeicher zurück.

Bildschirm

- Eingegebene Texte erscheinen auf dem Bildschirm. Die Anzeigemöglichkeit ist bei den Bildschirmen unterschiedlich. Der Bildschirm muss ergonomischen Anforderungen entsprechen.

Drucker

- Als Drucker werden überwiegend Tintenstrahl- oder Laserdrucker verwendet.

Externer Speicher

- Um Daten dauerhaft zu speichern, sind externe Speicher erforderlich. Hierfür bieten sich die Festplatte, die CD/DVD oder der USB-Stick an. Disketten haben als Speichermedium nur noch eine geringe Bedeutung. Es ist auch möglich, Daten in der Cloud (Wolke) zu speichern.
- Die Festplatte gilt als externer Speicher, obwohl sie eine Baueinheit mit der Zentraleinheit bildet. Sie hat eine hohe Speicherkapazität, schnelle Arbeitsgeschwindigkeit und muss nicht ausgewechselt werden. Es besteht auch die Möglichkeit, eine externe Festplatte anzuschließen.
- Die CD-ROM (compact disc read-only memory) zeichnet sich durch eine sehr hohe Speicherkapazität und schnelle Verarbeitungsgeschwindigkeit aus. Die DVD (digital versatile disc) ist die Weiterentwicklung der CD. Sie besitzt ein Vielfaches an Speicherkapazität.
- Der USB-Stick (universal serial bus) ist ein kleiner externer Speicher, der in die Schnittstelle des Computers geführt wird. Der Vorzug des USB-Sticks besteht darin, dass er flexibel überall einsetzbar ist und sich dadurch ein Datenaustausch leicht ermöglicht.
- Das Betriebssystem, das aus verschiedenen Programmen besteht, macht den Computer funktionsfähig. Es stellt die Verbindung zwischen den einzelnen Baueinheiten des Computers her, steuert und überwacht die Abläufe innerhalb des Systems.
- Programme sind urheberrechtlich geschützt. Wer Programme widerrechtlich kopiert, macht sich strafbar.

Starten des Programms

Nachdem Sie den Computer eingeschaltet haben, befinden Sie sich im Programm Windows. Klicken Sie zunächst **Start** an.

Führen Sie den Mauszeiger auf „Word“ und klicken Sie die linke Maustaste an.

Word-Bildschirm

- Auf dem Word-Bildschirm finden Sie oben links die Schaltfläche **Datei** und rechts daneben in einer Zeile die **Register** aufgeführt. Zu jedem Register gibt es eine **Gruppe**, aus der Sie verschiedene Funktionen auswählen können.
- Die Befehlseingabe können Sie in den Registern vornehmen oder die Schaltfläche der Symbole in den Gruppen anklicken. Kurzbefehle erleichtern Ihnen die Befehlseingabe.
- Wenn Sie die Taste **Alt** bedienen, erscheinen unter den Registern Buchstaben. Sie können diese Buchstaben auch zur Befehlseingabe verwenden.

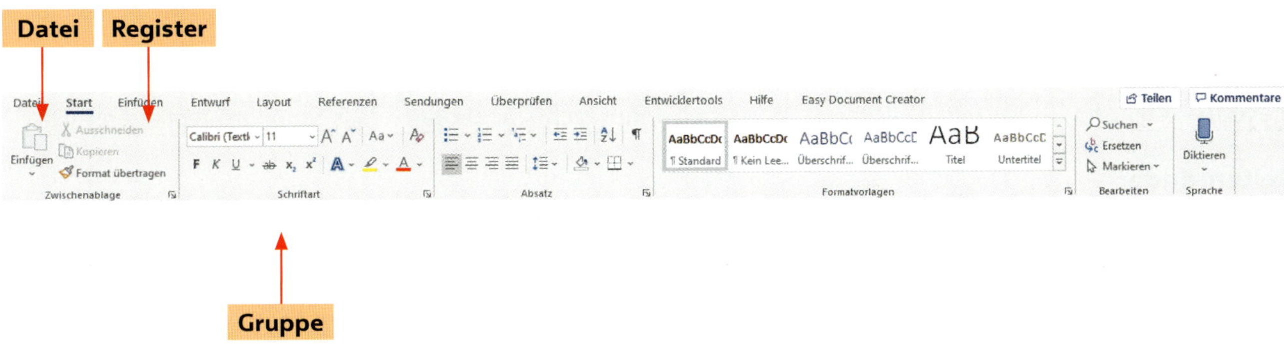

Ansichten

- Für Ihre Arbeit mit Word 2019 können Sie unterschiedliche Ansichten einstellen. Wenn Sie sich für das Drucklayout entscheiden, haben Sie auf der linken Seite cm-Angaben, um die Seitenhöhe zu erkennen. Zusätzlich sollten Sie das Lineal aktivieren, damit Sie auch die Zeilenbreite erkennen können. Sie haben aber auch die Möglichkeit, den Lesemodus, das Weblayout, die Gliederungs- oder Entwurfsansicht einzustellen.

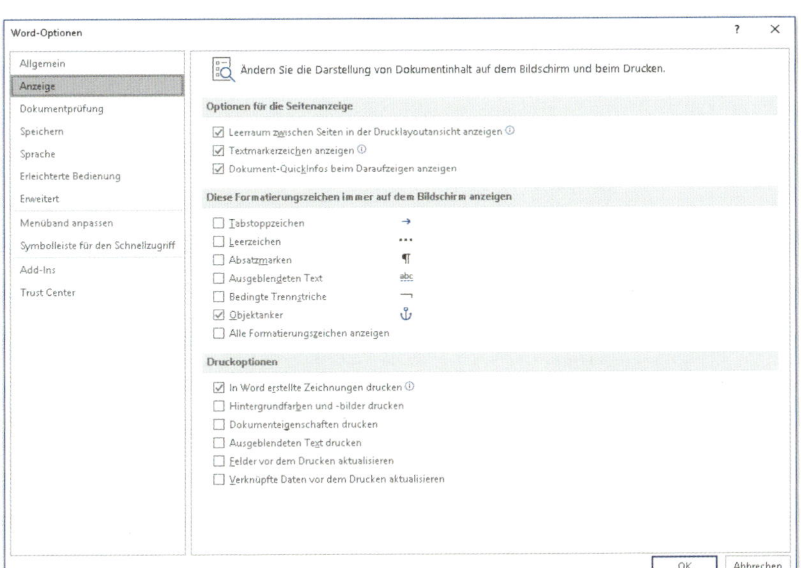

Word-Optionen

- Klicken Sie die Schaltfläche **Datei** an, können Sie weitere **Optionen** wählen.
- In der Option **Anzeige** können Sie für Ihre Arbeit bestimmte Formatierungszeichen anzeigen lassen. Um die Zeilenumbrüche besser erkennen zu können, stellen Sie die **Absatzmarken** ein. Es ist auch möglich, Tabstoppzeichen, Leerzeichen, ausgeblendeten Text oder alle Formatierungszeichen anzuzeigen. Unter **Anzeige** wählen Sie auch die **Druckoptionen** aus.

Arbeitsablauf

Datei – Optionen – Anzeige – Absatzmarken oder andere Optionen – OK

Layout

Abstand

- Damit Sie mit normgerechten Zeilenabständen arbeiten können, sollten Sie im Register **Layout** in der Gruppe **Abstand** die Standardeinstellungen **Vor** und **Nach** verändern. Stellen Sie hier **0 Pt.** ein. Klicken Sie den rechtsschrägen Pfeil unter den Maßen an, öffnet sich das Dialogfeld **Absatz**. Hier können Sie Ihre Einstellung **Als Standard festlegen**.

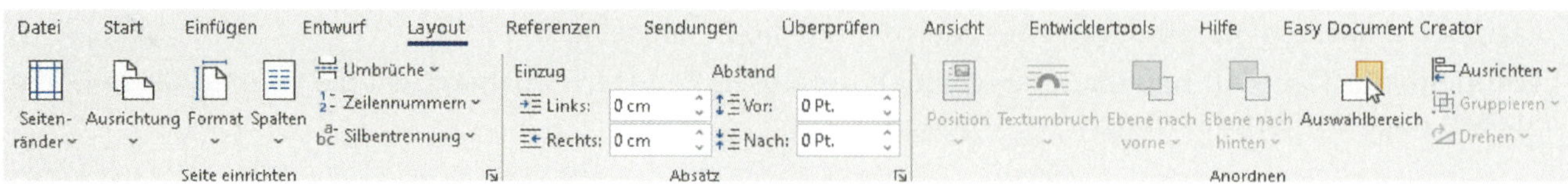

Arbeitsablauf

Layout – Abstand – Vor: 0 Pt. – Nach: 0 Pt. – Pfeil unten rechts anklicken – Als Standard festlegen – OK

Seitenränder

- Für die Randeinstellung wählen Sie ebenfalls das Register **Layout**. Klicken Sie in der Gruppe **Seite einrichten** den Pfeil unter **Seitenränder** an, öffnet sich ein Fenster. Wenn Sie **Benutzerdefinierte Seitenränder** anklicken, gelangen Sie in das Dialogfeld **Seite einrichten**. Hier geben Sie die Maße hinter **Links** und **Rechts** ein. Für eine dauerhafte Randeinstellung klicken Sie **Als Standard festlegen** an.
- Es ist für das Erfassen von Texten sinnvoll, den linken Rand auf 2,4 cm und den rechten Rand auf 3,0 cm einzustellen.

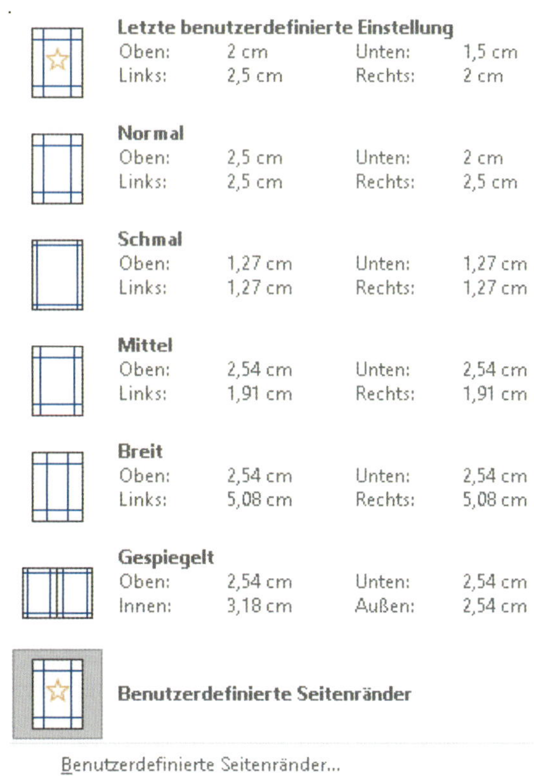

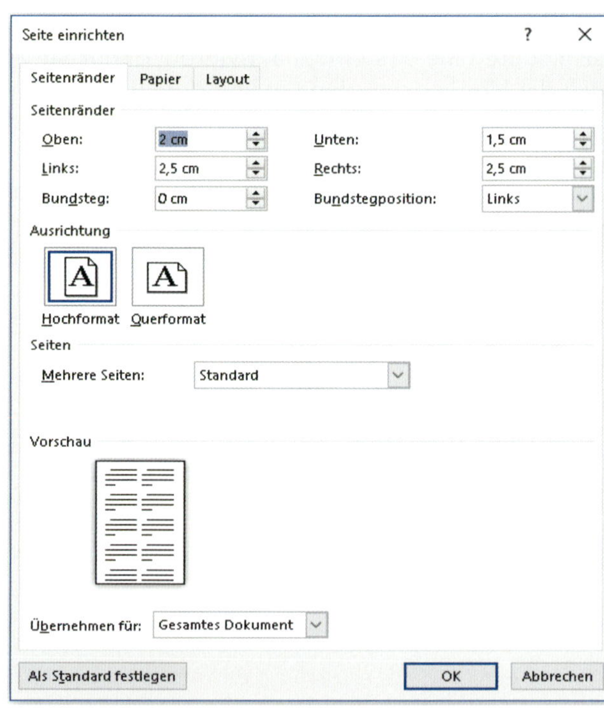

Arbeitsablauf

Layout – Seitenränder – Benutzerdefinierte Seitenränder – Links: 2,4 cm – Rechts: 3 cm –

Als Standard festlegen – OK

Normtastatur

Die Tastatur mit der Tastenbelegung nach DIN 2137.

Einnehmen der Ausgangsposition (Grundeinstellung)

Die Ausgangsposition (Grundstellung) nehmen Sie in der mittleren Buchstabentastenreihe ein.

linker Zeigefinger	**f**	*linker Mittelfinger*	**d**	*rechter Zeigefinger*	**j**	*rechter Mittelfinger*	**k**
linker Ringfinger	**s**	*linker kleiner Finger*	**a**	*rechter Ringfinger*	**l**	*rechter kleiner Finger*	**ö**

Optimale Schreibhaltung

- Sie sollten aufrecht sitzen.
- Legen Sie die Ellenbogen locker an.
- Der Unterarm sollte mit dem Handrücken eine gerade Linie bilden.
- Die ersten Fingerglieder sind leicht gekrümmt.

Nehmen Sie die Grundstellung und die Schreibhaltung ein.

Wichtige Tasten und Einstellungen

Die Leertaste

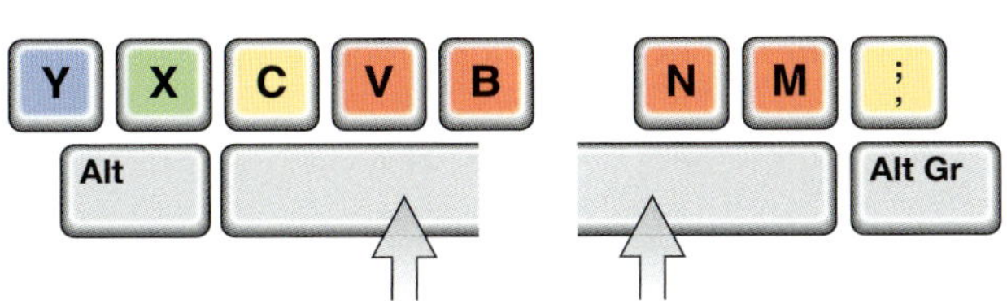

Die Daumen sollten über der Leertaste schweben.

Der Daumen bedient die Leertaste.

Bedienen Sie einige Male die Leertaste.

Eingabetaste (Returntaste)

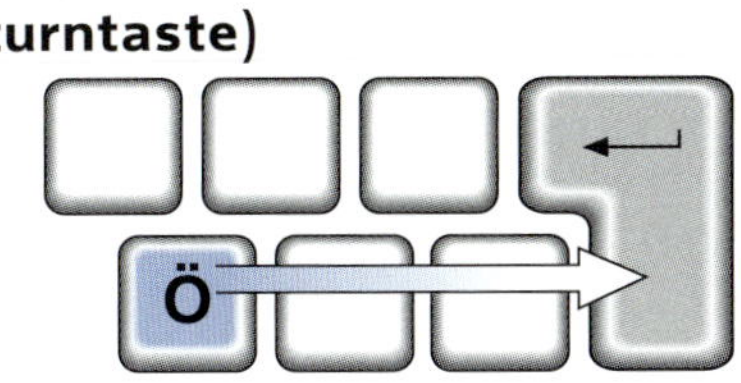

Tasten Sie mit dem rechten kleinen Finger weit nach rechts zur Eingabetaste.

Bedienen Sie diese Taste.

Texteingabe

Alle Texte sind fortlaufend als Endloszeile einzugeben. Am Zeilenende entsteht ein automatischer Zeilenumbruch, wenn Sie ein Leerzeichen eingeben und weiterschreiben. Für einen Absatz ist die Returntaste zweimal zu betätigen.

Eingabeposition

Auf dem Bildschirm bewegt sich der Cursor (Einfügemarke) mit jedem Tastenanschlag nach rechts. Er steht immer rechts hinter dem zuletzt geschriebenen Zeichen. Im Lineal und in der Statusleiste kann die Cursorposition abgelesen werden. Sind die Spalten- oder Zeilenangaben in der Statuszeile nicht eingestellt, führen Sie den Mauszeiger in die Statusleiste, klicken die rechte Maustaste an und wählen im Kontextmenü die gewünschten Einstellungen aus.

Randeinstellung – Schriftart

Stellen Sie den linken Rand auf 2,4 cm und den rechten Rand auf 3 cm. Wählen Sie die Schriftart Courier New, Schriftgröße 12. Dann stimmen die Übungen auf dem Bildschirm mit den Übungen dieses Lernbuches überein.

Buchstaben f, j, d, k, s, l, a und ö

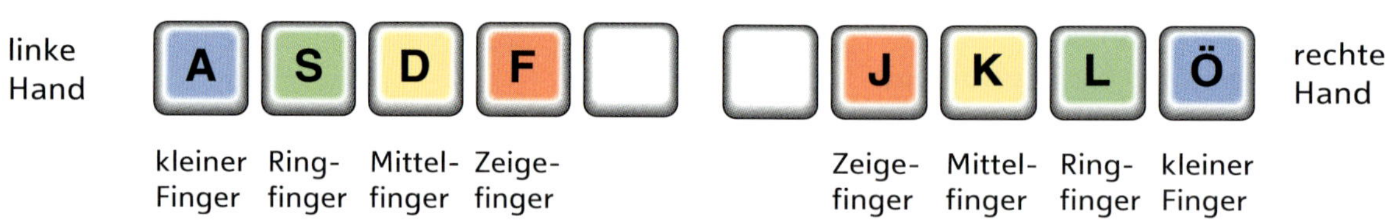

Die Tasten der Grundstellung schlagen Sie mit diesen Fingern an:

linker Zeigefinger	**f**
linker Mittelfinger	**d**
linker Ringfinger	**s**
linker kleiner Finger	**a**

rechter Zeigefinger	**j**
rechter Mittelfinger	**k**
rechter Ringfinger	**l**
rechter kleiner Finger	**ö**

Buchstaben g und h

Der linke Zeigefinger tastet waagerecht nach rechts zum **g**.

Der rechte Zeigefinger tastet waagerecht nach links zum **h**.

Von der Ausgangsposition (Grundstellung) tasten Sie zu den Buchstaben g und h. Kehren Sie nach dem Tastenanschlag sofort in die Grundstellung zurück. Richten Sie Ihre Augen nur auf die Vorlage.

Tasten Sie die folgenden Zeilen vor:

```
f f d d s s a a j j k k l l ö ö f j d k s l a ö d l f ö a j
fgf fgf fgf fgf jhj jhj jhj jhj fgf fgf jhj jhj fgf fgf jhj
```

Zeile **Motorische Umsetzung – Erfassen Sie jede Zeile zweimal:**

```
1 fdsa fdsa fdsa fdsa fdsa fdsa jklö jklö jklö jklö jklö jklö
2 asdf asdf asdf asdf asdf asdf ölkj ölkj ölkj ölkj ölkj ölkj

3 fdsa jklö asdf ölkj fdsa jklö asdf ölkj fdsa jklö asdf ölkj
4 das das das das das lös lös lös lös lös das lös das lös das

5 fgf fgf fgf jhj jhj jhj fga fga fga jhö jhö jhö fgh fgh fgh
6 lag lag lag lag sah sah sah sah lag sah lag sah lag sah lag

7 sag sag sag half half half kahl kahl kahl sag half kahl sag
8 lag sah sag half kahl lag sah sag half kahl lag sag kahl ja
```

Speichern

- Um Ihren Text dauerhaft zu sichern, speichern Sie auf der Festplatte, einem USB-Stick oder auf einem anderen Datenträger. Zu diesem Zweck klicken Sie die Schaltflächen **Datei** und **Speichern unter** an. Danach klicken Sie **Dieser PC** oder **Durchsuchen** an. Für das Speichern auf der Festplatte wählen Sie einen Ordner aus und geben den Dateinamen ein. Die Datei wird nun im Format Word 2019 gespeichert. Wollen Sie in einem anderen Format speichern, klicken Sie den Pfeil hinter **Dateityp** und das gewünschte Format an.

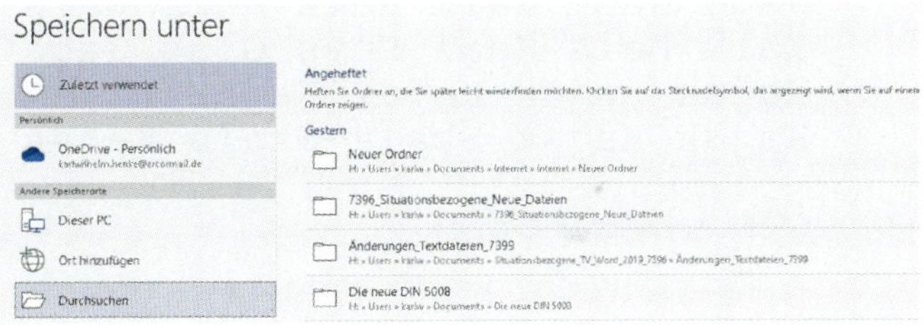

- Eine weitere Speichermöglichkeit wird Ihnen unter **OneDrive Persönlich** geboten. Sie speichern Ihre Datei in einem entfernten Rechenzentrum und nicht auf Ihrem lokalen Computer. Ihre Datei wird in der Cloud (Wolke) gespeichert. Den Speichervorgang schließen Sie mit **Speichern** ab.

Arbeitsablauf

Datei – Speichern unter – Dieser PC oder Durchsuchen – Ordner wählen – Dateinamen eingeben – Speichern

Drucken

- Zum Drucken von Texten klicken Sie nacheinander die Schaltflächen **Datei** und **Drucken** an. Unter **Einstellungen** können Sie das gesamte Dokument, die aktuelle Seite, markierte Textteile oder benutzerdefinierte Seiten drucken. Die Anzahl der Drucke geben Sie unter Anzahl der Exemplare ein.
- Wollen Sie bestimmte **Druckoptionen** einstellen, klicken Sie in der Schaltfläche **Datei** die **Optionen, Anzeige** an.

Arbeitsablauf

Datei – Drucken – Einstellungen – Alle Seiten drucken oder Druckoptionen eingeben – Anzahl der Exemplare eingeben – Drucken

Linker und rechter Umschalter

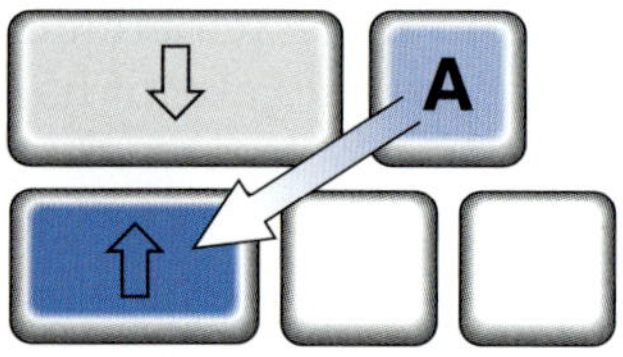

Der linke kleine Finger spreizt weit nach links unten zum Umschalter und drückt ihn herunter. Während des Anschlags wird der Umschalter festgehalten. Wollen Sie einen Buchstaben der rechten Hand großschreiben, benutzen Sie den linken Umschalter.

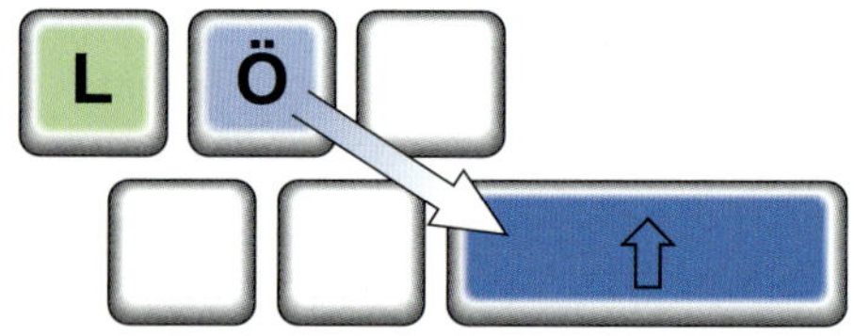

Der rechte kleine Finger spreizt weit nach rechts unten zum Umschalter und drückt ihn herunter. Während des Anschlags wird die Taste festgehalten. Wollen Sie einen Buchstaben der linken Hand großschreiben, benutzen Sie den rechten Umschalter.

Tasten Sie die folgenden Zeilen vor:

```
Ja Ja Ja Ja Ja Ka Ka Ka Ka Ka La La La La La Öa Öa Öa Öa Öa
Fö Fö Fö Fö Fö Dö Dö Dö Dö Dö Sö Sö Sö Sö Sö Aö Aö Aö Aö Aö
Ha Ha Ha Ha Ha Gö Gö Gö Gö Gö Ha Gö Ha Gö Ha Gö Ha Gö Ha Gö
```

Zeile **Motorische Umsetzung – Erfassen Sie jede Zeile zweimal:**

```
1 Jagd Jagd Jagd Jagd Jagd Kalk Kalk Kalk Kalk Kalk Jagd Kalk
2 Hals Hals Hals Hals Hals Jagd Kalk Hals Jagd Kalk Hals Hals
3 Fass Fass Fass Fass Fass Saal Saal Saal Saal Saal Fass Saal
4 Fall Fall Fall Fall Fall Glas Glas Glas Glas Glas Fall Glas

5 Jagd Jagd Kalk Kalk Hals Hals Fass Fass Saal Saal Glas Glas
6 Kalk Hals Saal Fass Glas Jagd Kalk Glas Fass Kalk Hals Fall
7 Kajak Kajak Kajak Kajak Kajak Skala Skala Skala Skala Skala
8 Kajak Kajak Skala Skala Kajak Skala Kajak Skala Kajak Skala
```

Öffnen einer Datei

- Damit Sie eine gespeicherte Datei bearbeiten können, müssen Sie diese in den Arbeitsspeicher zurückholen. Wenn die Datei im Arbeitsspeicher steht, ist sie auf dem Bildschirm sichtbar. Zu diesem Zweck klicken Sie die Schaltflächen **Datei, Öffnen, Durchsuchen** an. Für zuletzt gespeicherte Dateien können Sie **Dokumente, Angeheftet** direkt anklicken. Zum Öffnen der Datei klicken Sie den Ordner, den gewünschten Dateinamen und **Öffnen** an.

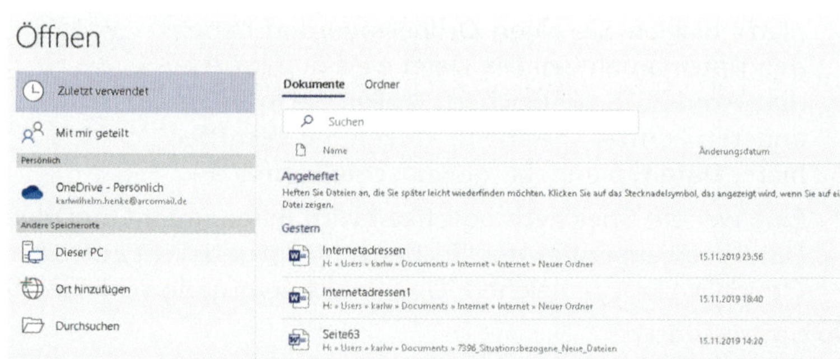

Arbeitsablauf

Datei – Öffnen – Zuletzt verwendet, Dokumente, Angeheftet *oder* Durchsuchen anklicken –

Ordner wählen – Dateinamen anklicken

Anlegen einer neuen Datei

- Wollen Sie ein neues Dokument anlegen, klicken Sie die Schaltfläche **Datei** und **Neu** an. Sie können nun ein **Leeres Dokument** anklicken oder sich für eine **Dokumentvorlage** entscheiden.

Arbeitsablauf

Datei – Neu – Leeres Dokument

Wiederholung

Schreiben Sie die folgenden Zeilen je dreimal:

Jagd Jagd Kalk Kalk Hals Hals Fass Fass Saal Fall Glas Kalk
Kajak Kajak Skala Skala Kajak Skala Kajak Skala Kajak Skala

Buchstaben e und i

Der linke Mittelfinger tastet links hoch zum **e**.

Der rechte Mittelfinger tastet links hoch zum **i**.

Tasten Sie die folgende Zeile vor:

ded ded ded ded kik kik kik kik ded ded kik kik ded ded kik

Buchstaben r und u

Der linke Zeigefinger tastet links hoch zum **r**.

Der rechte Zeigefinger tastet links hoch zum **u**.

Tasten Sie die folgenden Zeilen vor:

frf frf frf frf juj juj juj juj frf frf juj juj frf frf juj
ded ded kik kik frf frf juj juj ded ded kik kik frf frf juj

Buchstaben t und z

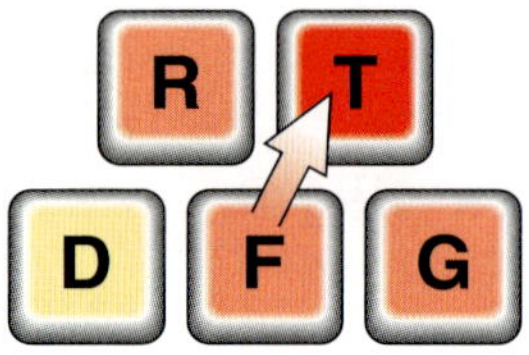

Der linke Zeigefinger tastet rechts hoch zum **t**.

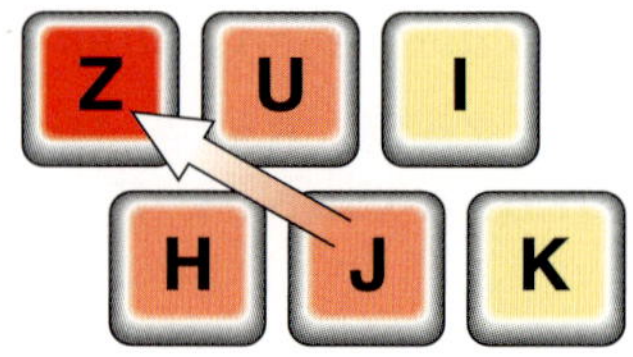

Der rechte Zeigefinger tastet gespreizt links hoch zum **z**.

Die Tastwege zu den Tasten r und t sowie u und z müssen Sie unterscheiden. Nach dem Tastenanschlag kehren die Finger sofort in die Ausgangsposition zurück.

Tasten Sie die folgenden Zeilen vor:

```
ftf ftf ftf ftf jzj jzj jzj jzj ftf ftf jzj jzj ftf ftf jzj
ded kik frf juj ftf ftf jzj jzj ded kik frf juj ftf jzj ftf
ftf jzj ded frf ftf jzj juj kik kik juj jzj ftf frf ded frf
```

Komma und Punkt

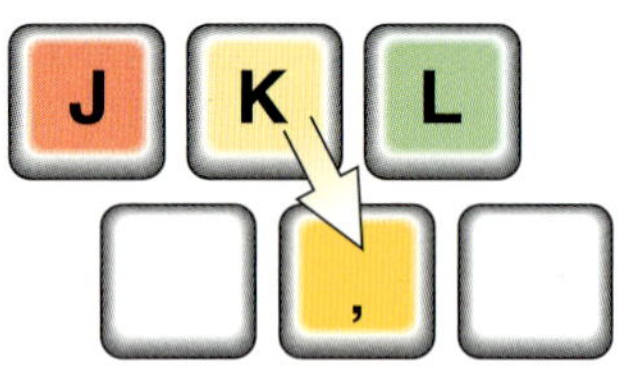

Der rechte Mittelfinger tastet tief rechts zum **Komma**.

Der rechte Ringfinger tastet tief rechts zum **Punkt**.

Tasten Sie die folgenden Zeilen vor:

```
k,k k,k k,k k,k l.l l.l l.l l.l k,k k,k l.l l.l k,k k,k l.l
frf kik l.l ftf k,k ded jzj juj k,k frf l.l ded jzj k,k juj
```

Korrekturtaste und Cursorführung

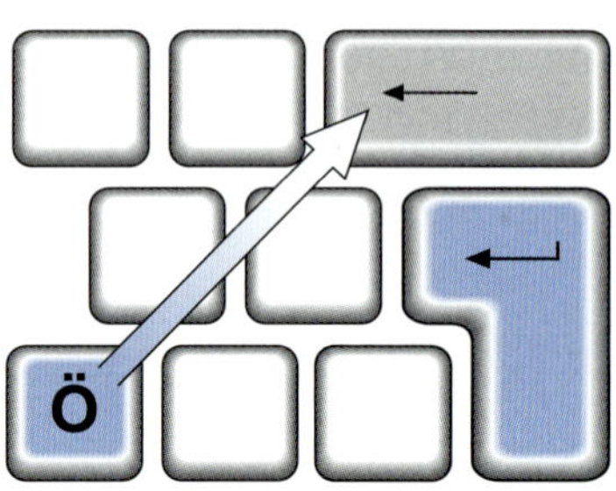

Mit der Korrekturtaste (Rückschritttaste) löschen Sie das Zeichen links vom Cursor. Dazu tasten Sie mit dem rechten kleinen Finger weit nach rechts oben in die Zifferntastenreihe.

Um nachträglich Korrekturen vornehmen zu können, muss der Cursor in die richtige Position gebracht werden. Dazu nehmen Sie mit der rechten Schreibhand die nebenstehende Position ein.

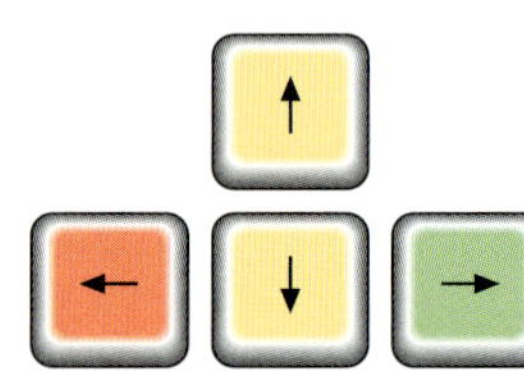

Zeigefinger Mittelfinger Ringfinger

Hierbei kann der Cursor zeichen- oder sprungweise bewegt werden. Diese Möglichkeiten bieten sich an:

Taste	Bewegung	Taste	Bewegung
←	zeichenweise nach links	→	zeichenweise nach rechts
Strg + ←	wortweise nach links	Strg + →	wortweise nach rechts
Pos 1	Zeilenanfang	Ende	Zeilenende
↑	zeilenweise nach oben	↓	zeilenweise nach unten

Mit dem Mauszeiger bringen Sie den Cursor ebenfalls in die gewünschte Position. Klicken Sie dazu die linke Maustaste an.

Zeile **Motorische Umsetzung – Erfassen Sie jede Zeile zweimal:**

1 des des des des des des des des öde öde öde öde öde öde öde
2 dir dir dir dir dir dir dir dir der der der der der der der
3 des öde dir der des öde dir der des öde dir der des öde der
4 auf auf auf auf auf auf auf auf aus aus aus aus aus aus aus

5 des des öde öde dir dir der der auf auf aus aus dir der auf
6 alt alt alt alt alt alt alt alt hat hat hat hat hat hat hat
7 zart zart zart zart zart zart kurz kurz kurz kurz kurz kurz
8 alt alt hat hat zart zart kurz kurz alt hat zart kurz altes

9 des öde dir der auf aus alt hat zart kurz alt hat zart kurz
10 öde dir des auf der alt kurz aus zart hat des kurz auf zart
11 lege lege lege lege lief lief lief lief rufe rufe rufe rufe
12 tief tief tief tief tief tief zahlt zahlt zahlt zahlt zahlt

13 lege lege lief lief rufe rufe tief tief zahlte zahlte legte
14 lief lege tief rufe zart lief tief rufe lege lief zart tief
15 auf die des lege zur tief rufe lief zahlt tief dir öde lege
16 die aus alt lief dir zart lege rufe tief alt auf zahlt tief

Gymnastische Übung

Legen Sie die Finger auf eine Tischplatte und ziehen Sie alle Finger einzeln hoch, um die Beweglichkeit der Finger zu erhöhen.

Funktionstasten

Esc

Die **Esc**-Taste bewirkt den Abbruch einer Funktion und die Rückkehr zur vorhergehenden Menüebene. Sie erreichen die Taste, indem Sie mit dem linken kleinen Finger weit nach links oben tasten.

Strg

Die **Strg**-Taste muss zur Befehlseingabe mit einer anderen Taste heruntergedrückt werden. Kurzbefehle können auf diese Weise eingegeben werden. Diese Taste bedienen Sie mit dem linken oder rechten kleinen Finger, indem Sie weit nach unten tasten.

Alt

Mit der **Alt**-Taste werden die Register des Menü-bandes markiert. Zur Auswahl von Register und Funktion ist der hervorgehobene Buchstabe einzugeben.

Alt Gr

Wenn Schriftzeichen benötigt werden, die auf einer Schreibtaste unten rechts aufgeführt sind, ist die Taste **AltGr** zu bedienen. Dazu gehören z. B. die Tasten €, @, {, ~ usw.

Löschen und Ersetzen von Zeichen

- Für das Löschen von Zeichen gibt es zwei Möglichkeiten: Mit der *Korrekturtaste* (Rückschritttaste) wird das Zeichen links vom Cursor gelöscht, wenn der Einfügemodus eingestellt ist. Die Taste **Entf** löscht das Zeichen rechts neben dem Cursor.
- Um den gewünschten Korrekturmodus einstellen zu können, klicken Sie für die Standardeinstellung die Schaltfläche **Datei, Option** an. Haben Sie die Option **Einfg-Taste zum Steuern des Überschreibmodus** in dem Register **Erweitert** aktiviert, können Sie den Einfügemodus oder Überschreibmodus durch Bedienen der Taste **Einfg** einstellen. Bevorzugen Sie aber den Überschreibmodus, können Sie ihn unter **Datei – Option – Erweitert** aktivieren.

Zeile

```
17 ja, ja, ja, ja, ja, da, da, da, da, da, es, es, es, es, es,
18 die, die, die, die, auf, auf, auf, auf, alt, alt, alt, alt,
19 fiel. fiel. fiel. fiel. fiel. teil. teil. teil. teil. teil.
20 hell. hell. hell. hell. fiel. teil. hell. fiel. teil. hell.

21 lasse dies, lasse dies, lasse dies, lasse dies, lasse dies,
22 gehe leise, gehe leise, gehe leise, gehe leise, gehe leise,
23 sehr teuer, sehr teuer, sehr teuer, sehr teuer, sehr teuer,
24 erst jetzt gezahlt, erst jetzt gezahlt, erst jetzt gezahlt,

25 der Esel, der Esel, die Idee, die Idee, der Reis, der Reis,
26 das Ufer, das Ufer, das Tief, das Tief, die Zeit, die Zeit.
27 Er zahlt. Er zahlt. Er zahlt. Er zahlt. Er zahlt. Er zahlt.
28 Sie zielt. Sie zielt. Sie zielt. Sie zielt. Sie zielte gut.

29 Er ist fertig. Er ist fertig. Er ist fertig. Er ist fertig.
30 Sie steht auf. Sie steht auf. Sie steht auf. Sie steht auf.
31 Dieter zielte gut. Ruth stellte es auf. Die Frist ist kurz.
32 Der Tee ist teuer. Der Zug hielt heute. Der Zeuge sagt aus.
```

Befehle zurücknehmen

- Um zu erreichen, dass ein bereits eingegebener Befehl zurückgenommen wird, ist **Strg + Z** einzugeben. Dadurch lassen sich Befehle rückgängig machen. Das gilt nicht nur für den letzten Befehl, sondern auch für frühere Befehle.

Wiederherstellen

- Wollen Sie einen Befehl, den Sie zurückgenommen haben, wiederherstellen, bedienen Sie die Tastenkombination **Strg + Y**.

Markieren

- Für das Markieren von Textteilen bieten sich über die Tastatur diese Möglichkeiten an:

Zeichen	Umschalter + ⇨
Wort	Strg + Umschalter + ⇨
Satz	F8 (dreimal)
Textblock	Strg + Umschalter + ⇩
Text	Strg + A

- Es ist auch möglich, zum Markieren die Maus zu verwenden.

Zeichen	Anklicken und Maus ziehen.
Wort	Mauszeiger auf das Wort und die linke Maustaste doppelt anklicken.
Satz	An einer beliebigen Stelle im Satz **Strg**-Taste herunterdrücken und die linke Maustaste anklicken.
Textblock	Mauszeiger in die Markierungsleiste links neben den Textblock und die Maustaste doppelt anklicken.
Text	Mauszeiger in die Markierungsleiste, **Strg**-Taste herunterdrücken und die linke Maustaste anklicken.

Wiederholung

Schreiben Sie die folgenden Zeilen dreimal:

```
Sie hielt es fest. Sie teilt es aus. Sie zerlegte es jetzt.
Er stellte es her. Er kaufte es ihr. Er sagt es sehr ruhig.
```

Buchstabe c

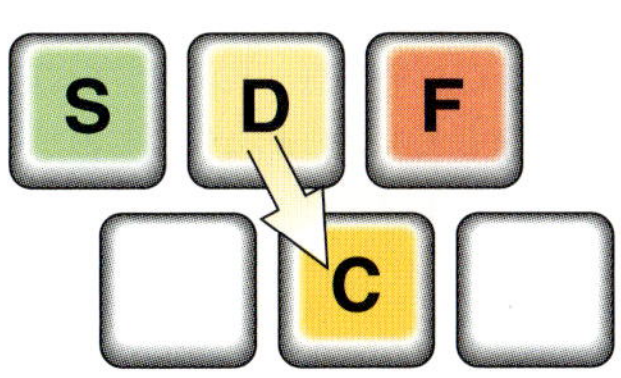

Der linke Mittelfinger tastet rechts tief zum **c**.

Tasten Sie die folgende Zeile vor:

```
dcd dcd dcd dcd k,k k,k k,k k,k dcd dcd k,k k,k dcd k,k dcd
```

Buchstaben v und m

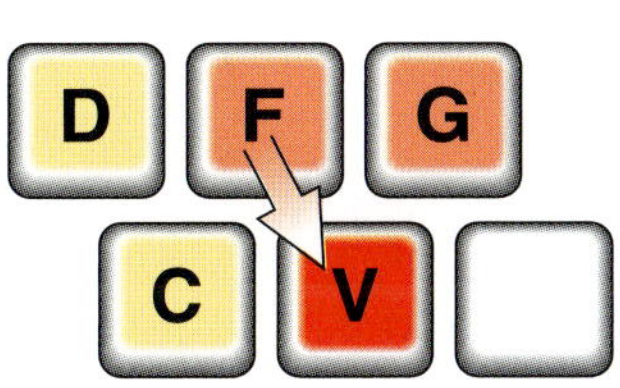

Der linke Zeigefinger tastet rechts tief zum **v**.

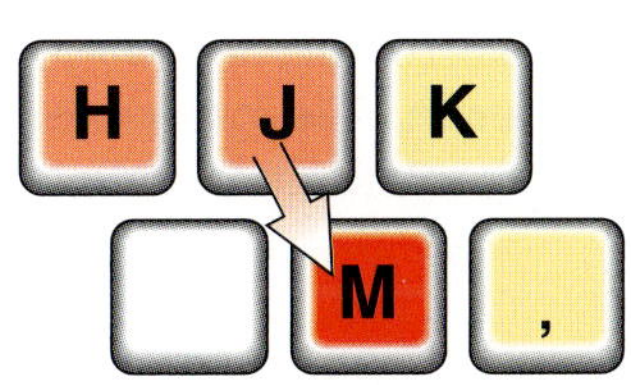

Der rechte Zeigefinger tastet rechts tief zum **m**.

Tasten Sie die folgenden Zeilen vor:

```
fvf fvf fvf fvf jmj jmj jmj jmj fvf fvf jmj jmj fvf fvf jmj
dcd dcd fvf fvf jmj jmj dcd fvf jmj dcd fvf jmj dcd fvf jmj
```

Buchstaben b und n

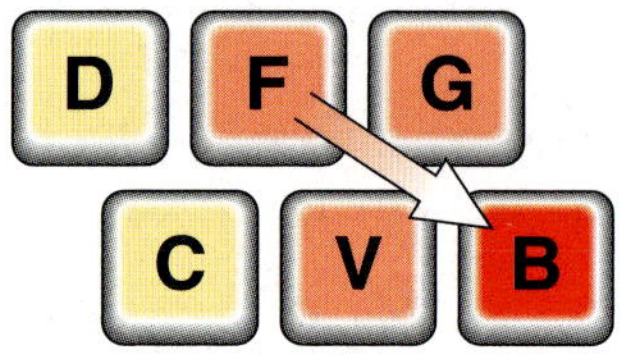

Der linke Zeigefinger tastet gespreizt rechts tief zum **b**.

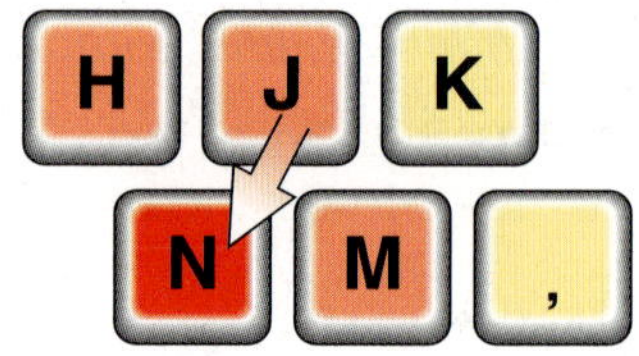

Der rechte Zeigefinger tastet tief links zum **n**.

Die Tastwege zum b und v dürfen Sie nicht verwechseln. Beachten Sie darum die Griffrichtung und -entfernung genau. Kehren Sie nach dem Tastenanschlag sofort in die Grundstellung zurück.

Tasten Sie die folgenden Zeilen vor:

```
fbf fbf fbf fbf jnj jnj jnj jnj fvf fbf fvf fbf jmj jnj jnj
dcd fvf jmj fbf jnj dcd fvf jmj fbf jnj fbf fvf jnj jmj fbf
```

Zeile **Motorische Umsetzung – Erfassen Sie jede Zeile zweimal:**

```
1  dick dick dick dick dick dick auch auch auch auch auch auch
2  dick dick auch auch dick dick auch auch dick auch dick auch
3  viel viel viel viel vier vier vier vier viel vier viel vier
4  mehr mehr mehr mehr mehr mehr kaum kaum kaum kaum kaum kaum

5  dick dick auch auch viel vier mehr mehr kaum kaum dick vier
6  bald bald bald bald bald bald bilde bilde bilde bilde bilde
7  bald bald bilde bilde bald bilde bald bilde bald bilde bald
8  nach nach nach nach nach nach fand fand fand fand fand fand

9  auch vier mehr kaum bald nach fand dick viel nach fand auch
10 dies versichern, nichts versichern, dies versichern können,
11 jetzt berichten, schnell berichten, sehr schnell berichten,
12 nicht vermeiden, schnell vermeiden, alles vermeiden können,

13 der Chef, der Chef, in Chile, in Chile, in Celle, in Celle,
14 die Vase, die Vase, die Visa, die Visa, die Vase, die Visa,
15 das Meer, das Meer, die Mark, die Mark, das Meer, die Mark,
16 das Bild, das Bild, das Buch, das Buch, das Bild, das Buch,
```

Rechtschreibprüfung

Um Texte auf Rechtschreib- und Eingabefehler prüfen zu können, klicken Sie im Register **Überprüfen** in der Gruppe **Rechtschreibung** die Funktion **Dokument überprüfen** an. Es erscheint auf der rechten Seite des Bildschirms ein Editor für das Einstellen von Korrekturen und Empfehlungen für den Sprachgebrauch. Sie klicken danach die gewünschte Option (Rechtschreibung – Grammatik – Formelle Sprache – Neutrale Sprache – Verständlichkeit – Wortwahl) an. Wird der Fehler angezeigt, können Sie den Korrekturvorschlag annehmen, indem Sie **Einmal ignorieren, Alle ignorieren** oder **Zum Wörterbuch hinzufügen** anklicken.

Arbeitsablauf

Überprüfen – Dokument überprüfen – Rechtschreibung – Korrekturvorschlag . . .

anklicken oder Einmal ignorieren, Alle ignorieren oder Zum Wörterbuch hinzufügen

17 nach Chile fliegen, nach Chile fliegen, den Vater besuchen,
18 den Vater besuchen, die schönen Bilder, die schönen Bilder,
19 auf dem Markt, auf dem Markt, das neue Netz, das neue Netz,
20 sein Vater, schöne Bilder, auf dem Markt, dieses neue Netz.

21 Beate besuchte uns. Beate besuchte uns. Beate besuchte uns.
22 Sandra bezahlte es. Sandra bezahlte es. Sandra bezahlte es.
23 Jan fand sein Buch. Jan fand sein Buch. Jan fand sein Buch.
24 Beate besuchte uns. Sandra bezahlte es. Jan fand sein Buch.

25 Hans nahm das Bild. Hans nahm das Bild. Hans nahm das Bild.
26 Stefan rief uns an. Stefan rief uns an. Stefan rief uns an.
27 Vera gibt uns diesen Bericht. Vera gibt uns diesen Bericht.
28 Eva fuhr gestern nach Berlin. Vera gibt uns diesen Bericht.

29 Der Mitarbeiter hat diesen Brief erst am Dienstag erhalten.
30 Alle bestellten Schreibtische sind zurzeit nicht lieferbar.
31 Erst Mitte Februar aber ist mit einer Lieferung zu rechnen.
32 Der Mitarbeiter erinnert sich, den Kunden gemahnt zu haben.

Autokorrektur

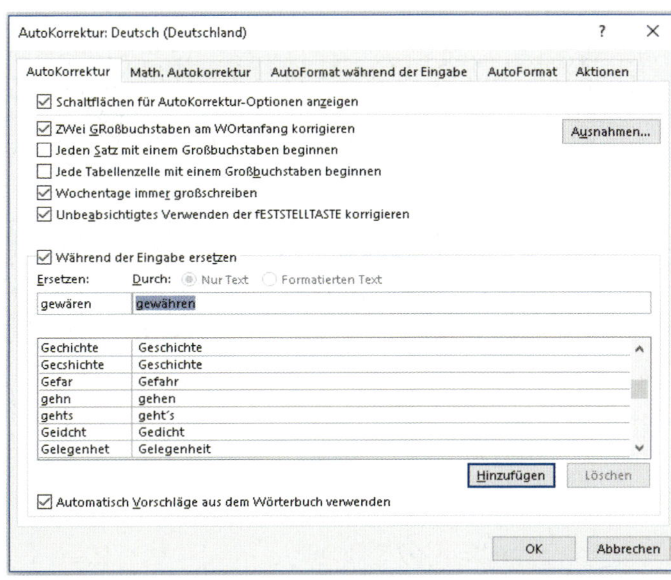

- Unterlaufen Ihnen während der Texteingabe häufig dieselben Fehler, können Sie diese fehlerhaften Schreibungen in die Autokorrektur aufnehmen.
- Geben Sie das Wort fehlerhaft ein, korrigiert das Programm diesen Fehler automatisch. Auf diese Weise können Sie Fehler vermeiden.
- Um fehlerhafte Wörter in die Autokorrektur aufzunehmen, rufen Sie unter **Datei** in den **Optionen** die **Dokumentprüfung** auf. In dem Dialogfeld **Autokorrektur-Optionen** geben Sie unter „Ersetzen" das fehlerhafte Wort und unter „Durch" die korrekte Schreibung ein. Danach klicken Sie **Hinzufügen** an. Es besteht auch die Möglichkeit, anstelle eines fehlerhaften Wortes eine Abkürzung einzugeben. Wenn Sie zuvor einen längeren Textabschnitt markiert haben, können Sie ihn durch eine Abkürzung abrufen. Auf diese Weise können Sie auch Textbausteine in die Autokorrektur aufnehmen.
- Sie haben die Möglichkeit, noch weitere Einstellungen vorzunehmen. Haben Sie beim Erfassen des Textes den Umschaltfeststeller zu lange festgehalten, erscheint nach dem ersten Buchstaben auch der zweite Buchstabe eines Wortes als Großbuchstabe. Um diesen Fehler automatisch berichtigen zu können, wählen Sie „Zwei Großbuchstaben am Wortanfang korrigieren".
- Ist die Option „Jeden Satz mit einem Großbuchstaben beginnen" eingestellt, wandelt das Programm nach einem Punkt oder nach Bedienen der Return-Taste den ersten Buchstaben eines Wortes in einen Großbuchstaben um.
- In Tabellen sollten die Spaltenbezeichnungen immer großgeschrieben werden. Dies erreichen Sie, wenn Sie die Einstellung „Jede Tabellenzelle mit einem Großbuchstaben beginnen" vornehmen. Darüber hinaus können Sie auch aktivieren, dass Wochentage immer großgeschrieben werden. Wenn Sie versehentlich den Umschaltfeststeller betätigen, hebt das Programm die Dauergroßschreibung auf, wenn Sie zuvor „Unbeabsichtigtes verwenden der Feststelltaste korrigieren" eingestellt haben.

Arbeitsablauf

Datei – Optionen – Dokumentprüfung – Autokorrektur-Optionen –

Ersetzen: fehlerhaftes Wort eingeben – Durch: richtige Schreibung eingeben – Hinzufügen – OK

Wiederholung

Schreiben Sie die folgenden Zeilen je dreimal:

```
Das Unternehmen bittet darum, den Restbetrag zu begleichen.
Der Kunde beanstandet, die Sendung nicht erhalten zu haben.
```

Buchstaben w und o

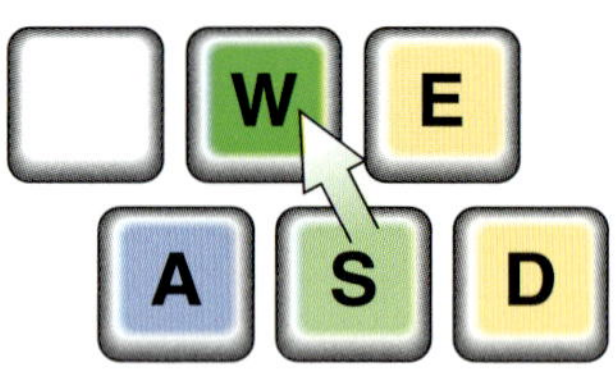

Der linke Ringfinger tastet links hoch zum **w**.

Der rechte Ringfinger tastet links hoch zum **o**.

Tasten Sie die folgende Zeile vor:

```
sws sws sws sws lol lol lol lol sws sws lol lol sws lol sws
```

Buchstabe x und Doppelpunkt

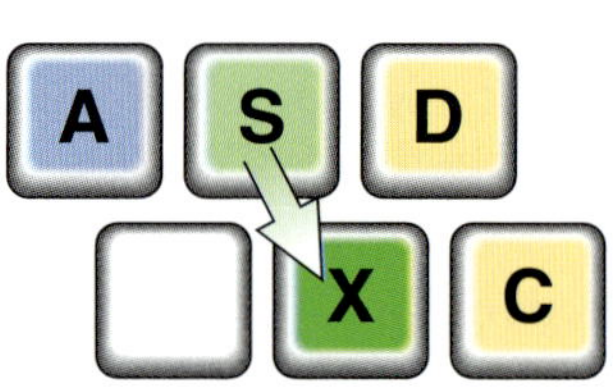

Der linke Ringfinger tastet rechts tief zum **x**.

Der linke kleine Finger bedient den Umschalter, während der rechte Ringfinger tief rechts zum **Doppelpunkt** tastet.

Tasten Sie die folgenden Zeilen vor:

```
sxs sxs sxs sxs l:l l:l l:l l:l sxs sxs l:l l:l sxs l:l sxs
sws lol sxs l:l sws lol sxs l:l sxs lol sws l:l lol sxs sws
```

Motorische Umsetzung – Erfassen Sie jede Zeile zweimal:

Zeile
1 wie wie wie wie wie wie wie wie was was was was was was was
2 wie wie was was wie was wie wie wie was wie was wie was wie
3 lose lose lose lose lose lose soll soll soll soll soll soll
4 lose lose soll soll lose soll lose soll lose soll lose soll

5 fixe fixe fixe fixe fixe fixe mixt mixt mixt mixt mixt mixt
6 fixe fixe mixt mixt fixe mixt fixe mixt fixe mixt fixe mixt
7 wie wie was was lose lose soll soll fixe fixe mixt mixt wie
8 wie was lose soll fixe mixt wie fixe lose was soll mixt wie

9 weil weil weil weil weil wieder wieder wieder wieder wieder
10 weil weil wieder wieder weil wieder weil wieder weil wieder
11 boxe boxe boxe boxe boxe boxe exakt exakt exakt exakt exakt
12 boxe boxe exakt exakt boxe exakt boxe exakt boxe exakt boxe

13 weil wieder boxe exakt weil wieder boxe exakt wieder exakte
14 wie was lose soll fixe mixt weil wieder boxe exakt weil los
15 boxe lose weil was exakt wieder soll wie weil exakte wieder
16 wieder fixe was weil mixt soll lose exakt wieder soll boxte

Gymnastische Übungen

a) Drehen Sie den linken und rechten Arm abwechselnd und wechseln Sie dabei die Richtung.

b) Schütteln Sie die Hände und Arme danach kräftig aus.

Suchen von Textteilen

- Längere Texte können nach bestimmten Wörtern durchsucht werden. Geben Sie den Suchbefehl ein, springt der Cursor hinter das Suchwort. Um den Vorgang einzuleiten, klicken Sie im Register **Start** in der Gruppe **Bearbeiten** die Funktion **Suchen** an.

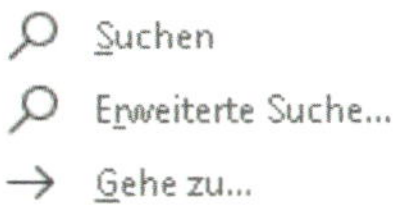

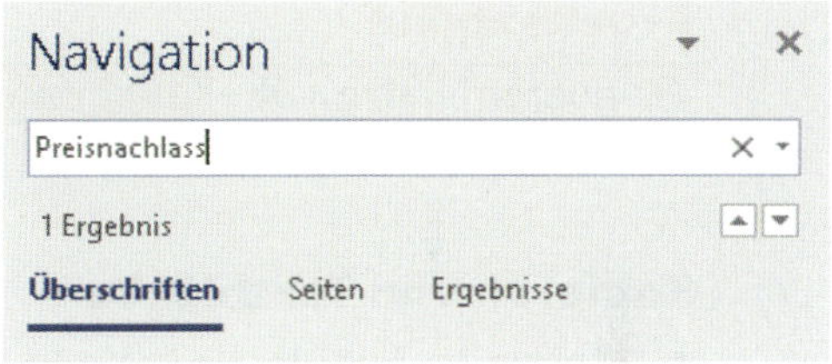

Arbeitsablauf

Start – Suchen – Suchwort unter Navigation eingeben

Ersetzen von Textteilen

- Wollen Sie mehrere gleiche Wörter durch ein anderes Wort ersetzen, bietet sich die Ersatzfunktion an. Im Register **Start** klicken Sie in der Gruppe **Bearbeiten** die Funktion **Ersetzen** an. Sie geben das Suchwort und das Ersatzwort ein.

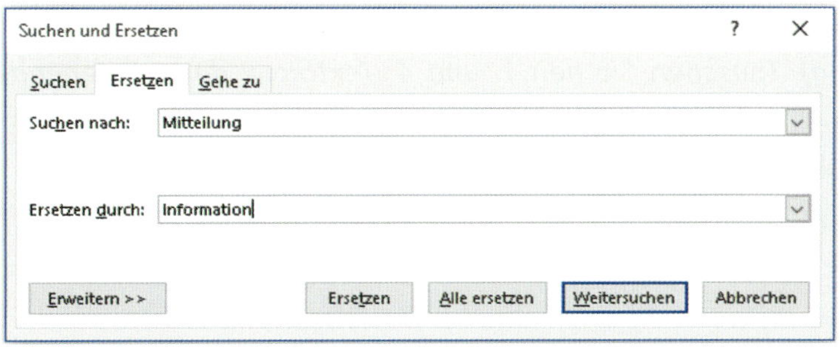

Arbeitsablauf

Start – Ersetzen – Suchwort eingeben – Ersatzwort eingeben – Alle Ersetzen – Schließen

mit dem Wagen, mit dem Wagen, mit dem Wagen, mit dem Wagen,
in dem Werk, in den Werken, in diesem Werk, in diesem Werk,
einige Wörter, einige Wörter, einige Wörter, einige Wörter,
mit dem Wagen, in den Werken, einige Wörter, mit dem Wagen,

in diesem Ort, in diesem Ort, in diesem Ort, in diesem Ort,
an den Folgen, an den Folgen, an den Folgen, an den Folgen,
in guter Form, in guter Form, in guter Form, in guter Form,
in diesem Ort, an den Folgen, in guter Form, in diesem Ort,

die exakte Schrift, die exakte Schrift, die exakte Schrift,
verschiedene Texte, verschiedene Texte, verschiedene Texte,
nach Mexiko reisen, nach Mexiko reisen, nach Mexiko reisen,
die exakte Schrift, verschiedene Texte, nach Mexiko reisen.

Die Wohnung in Xanten soll noch im November bezogen werden.
Die Texte sollten schon am Mittwoch in Dortmund eintreffen.
Die modernen Textilwaren sollen nach Mexiko gesandt werden.
An der Konferenz nehmen teil: Beatrix und Alexandra Winter.

Verschieben von Textblöcken

- Textblöcke (Textabschnitte) lassen sich innerhalb des Textes an einer anderen Stelle einfügen. Dazu ist der Textblock zu markieren. Der markierte Text wird nun durch die Tasten **Strg + X** in die Zwischenablage kopiert. Befindet sich der Cursor an der Einfügestelle, sind die Tasten **Strg + V** zu bedienen.

Arbeitsablauf

Markieren – **Strg + X** – Cursor an Einfügestelle – **Strg + V**

Kopieren von Textblöcken

- Markierte Textblöcke können auch kopiert werden. Sie werden dann zusätzlich in den Text eingefügt. Dazu sind die Tasten **Strg + C** zu bedienen. Der Textblock wird dadurch in die Zwischenablage kopiert. Befindet sich der Cursor an der Einfügestelle, sind die Tasten **Strg + V** zu bedienen.

Arbeitsablauf

Markieren – **Strg + C** – Cursor an Einfügestelle – **Strg + V**

Aufgaben

a) Tauschen Sie den 1. und 4. Textblock der vorstehenden Übungen aus. Kopieren Sie den 2. Textblock an das Ende des Textes.

b) Nehmen Sie die Rechtschreibprüfung vor.

c) Speichern Sie unter dem Dateinamen ***wox****.*

Wiederholung

Schreiben Sie die folgenden Zeilen dreimal:

```
Vor zwei Wochen wurde uns das Sonderangebot noch zugesandt.
Diese Texte sollten schon am Mittwoch in Xanten eintreffen.
```

Buchstaben q und p

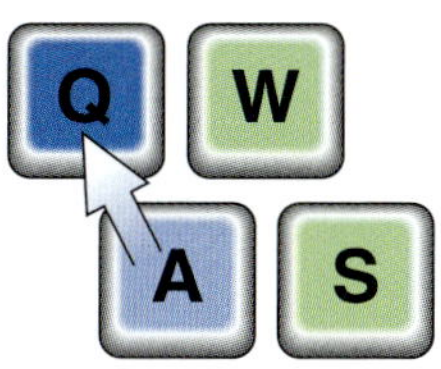

Der linke kleine Finger tastet links hoch zum **q**.

Der rechte kleine Finger tastet links hoch zum **p**.

Tasten Sie die folgende Zeile vor:

```
aqa aqa aqa aqa öpö öpö öpö öpö aqa aqa öpö öpö aqa öpö qaq
```

Buchstabe y und Kurzstrich

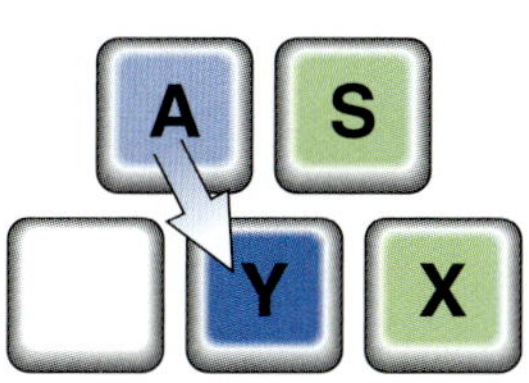

Der linke kleine Finger tastet rechts tief zum **y**.

Der rechte kleine Finger tastet rechts tief zum **Kurzstrich**.

Tasten Sie die folgenden Zeilen vor:

```
aya aya aya aya ö-ö ö-ö ö-ö ö-ö aya aya ö-ö ö-ö aya ö-ö aya
aqa öpö aya ö-ö aqa öpö aya ö-ö aya öpö aqa ö-ö öpö aya aqa
```

Zeile **Motorische Umsetzung – Erfassen Sie jede Zeile zweimal:**

```
 1 quer quer quer quer quer quer quakt quakt quakt quakt quakt
 2 quer quer quakt quakt quer quakt quer quakt quer quakt quer
 3 parkt parkt parkt parkt parkt packe packe packe packe packe
 4 parkt parkt packe packe parkt packe parkt packe parkt packe

 5 lyrisch lyrisch lyrisch lyrische lyrische lyrische lyrische
 6 typisch typisch typisch typische typische typische typische
 7 lyrisch typisch lyrisch typische lyrische typische lyrische
 8 quer quer quakt quakt parkt parkt packe packe lyrisch packe

 9 lyrisch typisch quer quakt parkte packte lyrische typisches
10 quitt quitt quitt plant plant plant loyal loyal loyal quitt
11 quitt plant loyal quitt plant loyal quitt plant loyal plant
12 quer quakt parkte packte lyrische typisch quitt plant loyal

13 an der Quelle, an der Quelle, an der Quelle, an der Quelle,
14 starker Qualm, starker Qualm, starker Qualm, starker Qualm,
15 eine Quittung, eine Quittung, eine Quittung, eine Quittung,
16 an der Quelle, starker Qualm, eine Quittung, an der Quelle,
```

Gymnastische Übungen

Stehen Sie auf und drehen Sie den Kopf einige Male zur Seite. Lockern Sie die Schultern, indem Sie sie hochziehen und wieder herunterfallen lassen.

Worttrennung (Silbentrennung)

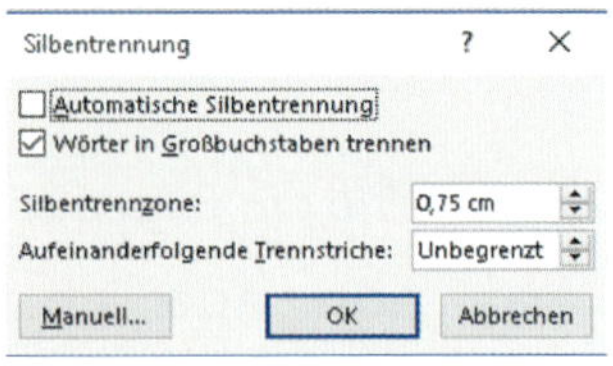

- Nachdem Sie einen Text erfasst haben, sollten Sie die Worttrennung vornehmen, um einen gleichmäßigen rechten Rand zu bekommen. Sie aktivieren dazu im Register **Layout** in der Gruppe **Seite einrichten** die Funktion **Silbentrennung**. Eine automatische Worttrennung sollten Sie nicht wählen, weil die Worttrennungsvorschläge nicht immer mit den Rechtschreibregeln übereinstimmen. Das ist besonders häufig in Wortzusammensetzungen bei der Trennung von „st“ der Fall. Sie entscheiden sich stattdessen für **Manuell** und prüfen, ob die Worttrennungsvorschläge mit den Rechtschreibregeln übereinstimmen und verändern sie, wenn die Vorschläge nicht korrekt sind. Unter **Silbentrennungsoptionen** stellen Sie ein, ob Sie Wörter, die in Großbuchstaben hervorgehoben sind, auch trennen wollen. Abweichend von der Standardeinstellung von 0,75 cm können Sie die Silbentrennzone neu festlegen.

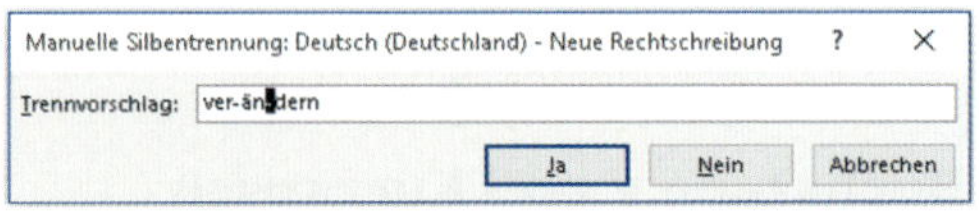

Arbeitsablauf

Layout – Silbentrennung – Manuell – Trennvorschläge prüfen –

ja oder nein oder verändern

Aufgabe

Löschen Sie aus den Zeilen 13 bis 16 einige Wörter und nehmen Sie nachträglich die Worttrennung (Silbentrennung) vor.

Zeile

17 auf dem Platz, auf dem Platz, auf dem Platz, auf dem Platz,
18 in der Partei, in der Partei, in der Partei, in der Partei,
19 neue Proteste, neue Proteste, neue Proteste, neue Proteste,
20 auf dem Platz, in der Partei, neue Proteste, auf dem Platz,

21 diese Analyse, diese Analyse, diese Analyse, diese Analyse,
22 diese Symbole, diese Symbole, diese Symbole, diese Symbole,
23 das Gymnasium, das Gymnasium, das Gymnasium, das Gymnasium,
24 diese Analyse, diese Symbole, das Gymnasium, diese Symbole,

25 auf- und abgeladen, auf- und abgeladen, auf- und abgeladen,
26 Nah- und Fernziele, Nah- und Fernziele, Nah- und Fernziele,
27 in Berlin-Steglitz, in Berlin-Steglitz, in Berlin-Steglitz,
28 auf- und abgeladen, Nah- und Fernziele, in Berlin-Steglitz.

29 Mehrere Sportler haben sich bei dem Wettkampf qualifiziert.
30 Eva-Maria trainiert systematisch, um sich zu qualifizieren.
31 Das Ludwig-Erhard-Gymnasium bekam jetzt auch neue Computer.
32 Der Mitarbeiter quittiert den Empfang der Personalcomputer.

Gymnastische Übungen

a) *Drehen Sie den linken und rechten Arm abwechselnd und wechseln Sie dabei die Richtung.*

b) *Schütteln Sie die Hände und Arme danach kräftig aus.*

Fettschrift - Kursivschrift

- Um eine Hervorhebung durch Fettschrift oder Kursivschrift vorzunehmen, verwenden Sie zweckmäßigerweise diese Kurzbefehle:

Fett	Strg + Umschalter + F
Kursiv	Strg + Umschalter + K

- Es ist auch möglich, mit dem Mauszeiger im Register **Start** in Gruppe **Schriftart** den gewünschten Buchstaben für Fettschrift (**F**) oder Kursiv (**K**) anzuklicken. Zum nachträglichen Hervorheben müssen die Textteile vorher markiert sein. Wenn Sie den jeweiligen Befehl wiederholen, löschen Sie die Hervorhebung wieder.

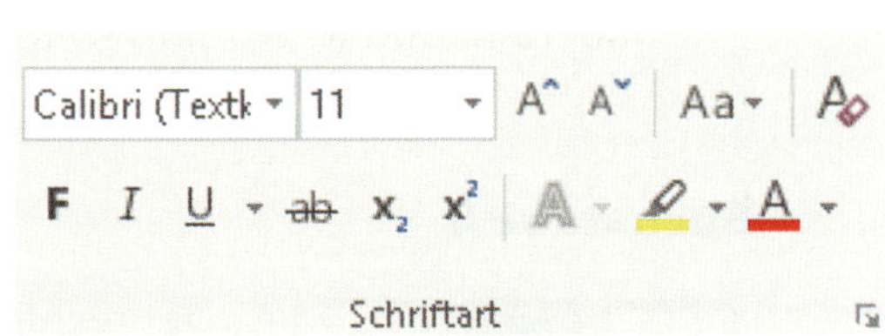

- Die Formatierung der Zeichen, z. B. durch Fettschrift, beginnt unter dem ersten und endet unter dem letzten Zeichen des hervorzuhebenden Teils. Satzzeichen nach einem Wort werden nicht hervorgehoben.

- Anstelle des **Unterstreichens** sollten Sie andere Hervorhebungen, z. B. Fettschrift, Kursivschrift oder Farbe, bevorzugen, weil die Unterlängen weder gestreift noch geschnitten werden sollten.

- Um alle Formatierungen wieder zu löschen, geben Sie **Strg + Leertaste** ein.

Aufgabe

Heben Sie in den Zeilen 17 bis 24 die Substantive (Hauptwörter) abwechselnd durch Fettschrift und Kursivschrift hervor.

Wiederholung

Schreiben Sie die folgenden Zeilen je dreimal:

```
Eva Dreyer hat den Warenein- und -ausgang zu kontrollieren.
Der Postzusteller quittierte uns den Empfang des Bargeldes.
```

Buchstaben ä und ü

Der rechte kleine Finger spreizt rechts waagerecht zum **ä**.

Der rechte kleine Finger spreizt rechts hoch zum **ü**.

Tasten Sie die folgende Zeile vor:

öäö öäö öää öäö öüö öüö öüö öüö öäö öäö öüö öüö öäö öpö öüö

Buchstabe ß

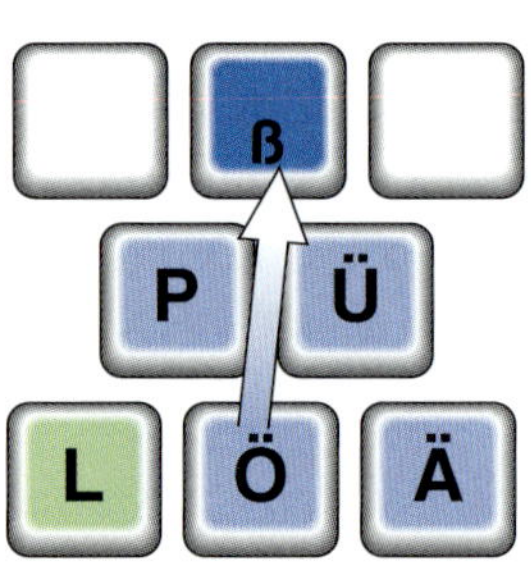

Der rechte kleine Finger tastet fast senkrecht nach oben zum **ß**.

Tasten Sie die folgende Zeile vor:

ößö ößö ößö ößö üöß üöß üöß öäö öäö öüö öüö ößö ößö öüö ößö

Motorische Umsetzung – Erfassen Sie jede Zeile zweimal:

Zeile	
1	läge läge läge läge läge läge käme käme käme käme käme käme
2	läge läge käme käme läge käme läge käme läge käme läge käme
3	über über über über über über füge füge füge füge füge füge
4	über über füge füge über füge über füge über füge über füge
5	stößt stößt stößt stößt stößt weißt weißt weißt weißt weißt
6	stößt stößt weißt weißt stößt weißt stößt weißt stößt weißt
7	läge läge käme käme übe übe füge füge stößt stößt weiß weiß
8	füge stößt käme über läge weißt füge stößt über stößt weißt
9	hätte hätte hätte hätte fängt fängt fängt fängt hätte fängt
10	würde würde würde würde müsst müsst müsst müsst würde müsst
11	gießen gießen gießen fleißig fleißig fleißig gießen fleißig
12	hätte fängt würde müsst fleißig gießen würde fleißig müsste
13	kein Ärger, kein Ärger, kein Ärger, kein Ärger, kein Ärger,
14	eine Übung, eine Übung, eine Übung, eine Übung, eine Übung,
15	viel Glück, viel Glück, viel Glück, viel Glück, viel Glück,
16	kein Ärger, eine Übung, viel Glück, kein Ärger, eine Übung,
17	diese Bände, gute Qualität, an den Ständen, in den Ländern,
18	alle Käufer, die Gespräche, in den Häusern, die Vorschläge,
19	diese Güter, einige Bürger, auf dem Rücken, mit viel Glück,
20	besten Gruß, eine Äußerung, große Maßstäbe, größere Fässer.

Geschütztes Leerzeichen

- Um zu erreichen, dass zusammengehörige Textteile (z. B. Abkürzungen oder gegliederte Zahlen) in der Randzone nicht auseinandergerissen werden, ist durch **Strg + Umschalter + Leertaste** ein geschütztes Leerzeichen einzugeben.

Abkürzungen

Zeile		Anschläge
1	Die Veranstaltung findet evtl. im Juli d. J. in Bonn statt.	65
2	Der Parteitag soll im Juni n. J. in Oberhausen stattfinden.	65
3	Diese Arbeitsabläufe sind rationell, d. h., man spart Zeit.	62
4	Am Computer können Sie z. B. durch Fettschrift hervorheben.	63
5	Das Unternehmen bietet Schreibmaschinen, Büromöbel usw. an.	63
6	Im HGB sind gesetzliche Bestimmungen über die KG zu finden.	67
7	Die AG und die GmbH zählt man zu den Kapitalgesellschaften.	66
8	Das Verfahren bei Zivilprozessen ist in der ZPO festgelegt.	66
9	Das ZDF berichtet über das Spiel Hamburger SV - VfL Bochum.	71
10	Die Gewichtseinheiten kg und g fehlten auf dem Preisschild.	63

Schreibregeln

- Ausgesprochene Abkürzungen (z. B. *evtl., d. J.* usw.) erhalten einen Punkt. Folgen zwei oder mehrere Abkürzungen aufeinander, werden sie mit Leerzeichen geschrieben.
- Hinter buchstäblich gesprochenen Abkürzungen (z. B. *HGB, GmbH*) oder amtlichen Abkürzungen (z. B. *EUR, m, kg*) steht kein Punkt.

Wiederholung

Schreiben Sie die folgenden Zeilen je dreimal:

Eigentlich muss hierüber der Personalausschuss beschließen.
Der Beamte weiß nicht, ob größere Zuschüsse gewährt werden.

Linker kleiner Finger: 1 und 2. Linker Ringfinger: 3. Linker Mittelfinger: 4. Linker Zeigefinger: 5 und 6. Rechter Zeigefinger: 7 und 8. Rechter Mittelfinger: 9. Rechter Ringfinger: 0.

Tasten Sie die folgenden Zeilen vor:

a1a a2a s3s d4d f5f f6f j7j j8j k9k l0l k9k j8j j7j f6f f5f
j8j a1a l0l d4d j8j s3s j7j a2a k9k f6f a2a l0l f5f j8j a1a

Motorische Umsetzung – Erfassen Sie jede Zeile zweimal:

Zeile

1 1 Aktie, 1 Aktie, 1 Aktie, 2 Anträge, 2 Anträge, 2 Anträge,
2 3 Sätze, 3 Sätze, 3 Sätze, 30 Länder, 30 Länder, 30 Länder,
3 4 Damen, 4 Damen, 4 Damen, 9 Käufer, 90 Läufer, 900 Läufer,

4 5 Falten, 5 Falten, 5 Falten, 8 Jacken, 8 Jacken, 8 Jacken,
5 6 Fahrer, 6 Fahrer, 6 Fahrer, 7 Jungen, 7 Jungen, 7 Jungen,
6 1 Anlage, 2 Anlagen, 3 Seile, 30 Länder, 4 Deckel, 9 Teile,

7 5 Finger, 8 Kunden, 6 Fehler, 7 Kästen, 12 Arten, 10 Jahre,
8 der 1. Platz, der 2. Fall, die 3. Folge, auf der 30. Seite,
9 die 5. Serie, der 6. Rang, der 7. Punkt, der 189. Besucher.

10 In 12 Disziplinen ermitteln die Sportler heute die Meister.
11 Zu dem Handballspiel kamen am Sonntag sogar 3867 Zuschauer.
12 52 596 Zuschauer sahen dieses interessante Bundesligaspiel.

13 Ihre Bestellung über 90 m Stoff haben wir gestern erhalten.
14 Die Anzahl der Abonnenten stieg im Mai auf 13 450 Bezieher.
15 In der benachbarten Großstadt wohnen nun 648 500 Einwohner.

Schreibregeln

- Vor und nach einer Zahl steht ein Leerzeichen.
- In Ordnungszahlen folgt das Leerzeichen hinter dem Punkt.
- Zahlen mit mehr als vier Stellen dürfen in Fließtexten durch je ein Leerzeichen in dreistellige Gruppen gegliedert werden.
- Währungsbeträge sollten Sie aus Sicherheitsgründen nach jeder dritten Stelle von rechts nach links durch einen Punkt gliedern.
- Zwischen Zahlen und den dazugehörigen Einheiten, z. B. Maß-, Gewichts- und Währungseinheiten, geben Sie ein geschütztes Leerzeichen ein, um zu verhindern, dass sie am Zeilenende getrennt werden.

731626

Wiederholung

Schreiben Sie die folgenden Zeilen je dreimal:

In unserem Katalog stellen wir Ihnen die 5 672 Artikel vor.
Für den Computer ist ein Betrag von 1.345,89 EUR zu zahlen

Ausrufezeichen, Anführungszeichen, Paragraf, Dollar, Prozent, „und“

Ausrufezeichen !
Der rechte kleine Finger bedient den Umschalter, während der linke kleine Finger nach links oben zum Ausrufezeichen tastet.

Anführungszeichen “
Der rechte kleine Finger bedient den Umschalter, während der linke kleine Finger senkrecht nach oben zum Anführungszeichen tastet.

Paragrafzeichen §
Der rechte kleine Finger bedient den Umschalter, während der linke Ringfinger senkrecht nach oben zum Paragrafzeichen tastet.

Dollarzeichen $
Der rechte kleine Finger bedient den Umschalter, während der linke Mittelfinger senkrecht nach oben zum Dollarzeichen tastet.

Prozentzeichen %
Der rechte kleine Finger bedient den Umschalter, während der linke Zeigefinger senkrecht nach oben zum Prozentzeichen tastet.

Und-Zeichen &
Der rechte kleine Finger bedient den Umschalter, während der linke Zeigefinger nach rechts oben zum Und-Zeichen tastet.

Tasten Sie vor:

a!a a!a a!a a!a a”a a”a a”a a”a s§s s§s s§s s§s d$d d$d d$d
d$d f%f f%f f%f f%f f&f f&f f&f f&f a!a a”a s§s d$d f%f f&f

Schrägstrich, Vorklammer, Nachklammer, Gleichheitszeichen, Fragezeichen

Schrägstrich /
Der linke kleine Finger bedient den Umschalter, während der rechte Zeigefinger nach links oben zum Schrägstrich tastet.

Vorklammer ((Klammer auf)
Der linke kleine Finger bedient den Umschalter, während der rechte Zeigefinger senkrecht nach oben zur Vorklammer tastet.

Nachklammer) (Klammer zu)
Der linke kleine Finger bedient den Umschalter, während der rechte Mittelfinger senkrecht nach oben zur Nachklammer tastet.

Gleichheitszeichen =
Der linke kleine Finger bedient den Umschalter, während der rechte Ringfinger senkrecht nach oben zum Gleichheitszeichen tastet.

Fragezeichen ?
Der linke kleine Finger bedient den Umschalter, während der rechte kleine Finger senkrecht nach oben zum Fragezeichen tastet.

Tasten Sie vor:

j/j j/j j/j j/j j(j j(j j(j j(j k)k k)k k)k k)k l=l l=l l=l
l=l ö?ö ö?ö ö?ö ö?ö j/j j(j k)k l=l ö?ö k)k j/j ö?k j(j l=l

Schreibregeln

- Nach Zeichen, die anstelle von Wörtern verwendet werden (z. B. **§, $, %, &**), bleibt davor und dahinter ein Leerzeichen.
- Zeichen, z. B. §, %, & usw., und Zahlen dürfen Sie als zusammengehörige Teile bei einem Zeilenumbruch nicht trennen. Sie geben zwischen der Zahl und der dazugehörigen Einheit ein geschütztes Leerzeichen ein.
- Anführungszeichen und Klammern werden ohne Leerzeichen vor und nach den Textteilen, die von ihnen eingeschlossen sind, geschrieben.
- Das Zeichen ./. (gegen) wird nur in Rechtsstreitigkeiten verwendet.
- Vor und nach dem Schrägstrich entfallen die Leerzeichen.

Zeile	**Erfassen Sie jede Zeile zweimal:**	Anschläge
1	Guten Tag! Guten Abend! Alles Gute! Sehr schön! Gute Reise!	74
2	Marken „Antik" und „Anker", Modell „Nizza", Hotel „Am Zoo".	76
3	Unser wichtigster Grundsatz lautet: „Alles für den Kunden!"	68
4	Nach § 1 BGB ist Kaufmann, wer ein Handelsgewerbe betreibt.	67
5	Der Mitangeklagte war nach den §§ 37 und 242 StGB schuldig.	67
6	Der Betrag von 44 $ ist noch in diesem Monat zu überweisen.	64
7	Unser Unternehmen konnte die Umsätze sogar um 5 % steigern.	64
8	Auf bestimmte Artikel gewährt das Unternehmen 9 % Nachlass.	65
9	Natürlich sind wir mit dem 10%igen Gewinn wieder zufrieden.	63
10	Die Firma Walter & Co. KG hat den Insolvenzantrag gestellt.	68
11	Bei Firma Roth & Sohn OHG wurde eine Bestellung aufgegeben.	69
12	Den Auftrag 677/9 können wir erst im Juli/August ausführen.	66
13	Hering & Söhne OHG können erst im August/September liefern.	69
14	In dem Rechtsstreit Mai ./. Neu wurde die Klage zugestellt.	66
15	Senden Sie noch: a) Lebenslauf, b) Schulzeugnisse, c) Foto.	69
16	Sollen diese Computer nach Jena (Thüringen) gesandt werden?	67
17	War die Fahrt nach Metz (Frankreich) besonders interessant?	67
18	Hat dieser Personenkraftwagen das Kennzeichen S = Schweden?	67

Wechsel der Schriftart und -größe

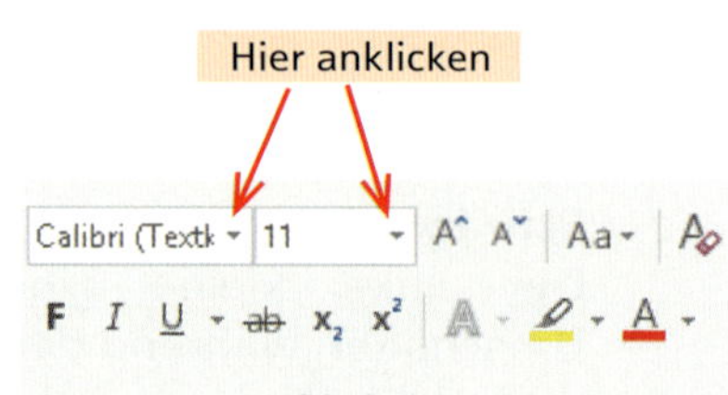

- In dem Register **Start** der Gruppe **Schriftart** stellen Sie die Schriftart und die Schriftgröße ein. Zu dem Zweck klicken Sie den Pfeil hinter Schriftart oder hinter Schriftgröße an und wählen die gewünschte Schriftart und -größe aus. Wollen Sie weitere Zeichenformatierungen vornehmen, klicken Sie hinter **Schriftart** den rechtsschrägen Pfeil an. Es öffnet sich das Dialogfeld **Schriftart**. Hier können Sie beispielsweise Effekte oder die Schriftfarbe gleichzeitig einstellen. In dem Dialogfeld **Erweitert** vergrößern oder verkleinern Sie den Zeichenabstand.
- Wegen der guten Lesbarkeit sind die Schriftarten Courier New, Times New Roman oder Arial zu bevorzugen. Unter **Texteffekte** haben Sie die Möglichkeit, Textfüllungen und Textkonturen einzustellen.

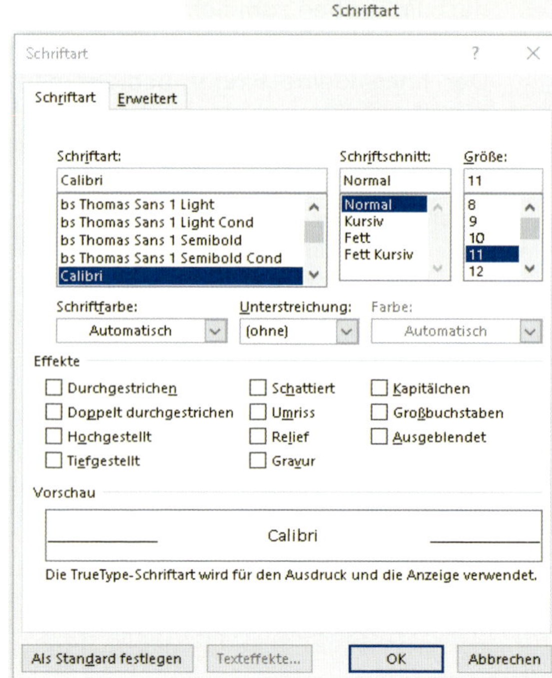

Arbeitsablauf

Start – Pfeil hinter Schriftart anklicken – Schriftart auswählen – Pfeil hinter der Schriftgröße anklicken und Schriftgröße eingeben – rechtsschrägen Pfeil anklicken – Einstellungen in dem Dialogfeld Schriftart vornehmen – OK

Aufgabe

Stellen Sie für die Übungen der Zeilen 1 bis 18 die Schriftarten Verdana, Tahoma und Calibri ein. Verändern Sie auch die Schriftgröße auf Schriftgrad 10, 11 und 14.

Semikolon, Plus und Stern

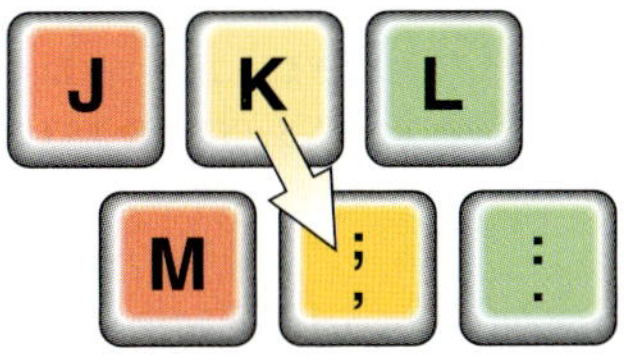

Der linke kleine Finger tastet zum Umschalter, während der rechte Mittelfinger nach rechts tief zum Semikolon tastet.

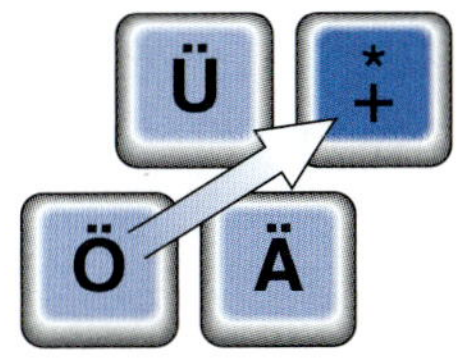

Der rechte kleine Finger tastet weit rechts hoch zum Pluszeichen. Für den Stern ist zusätzlich der linke Umschalter zu bedienen.

Tasten Sie die folgende Zeile vor:

k;k k;k k;k k;k ö+ö ö+ö ö+ö ö+ö ö*ö ö*ö ö*ö ö*ö k;k ö+ö ö*k

Akzentzeichen

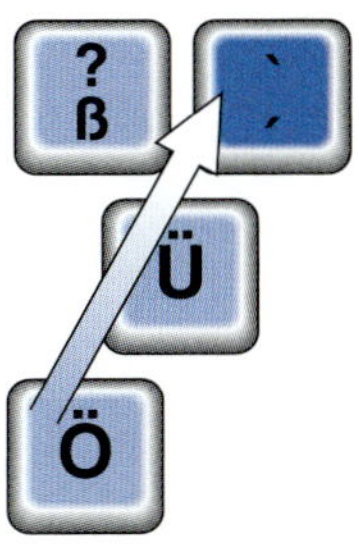

Zur Taste „accent aigu“ gelangen Sie, wenn Sie den rechten kleinen Finger nach rechts oben über das „ü“ hinweg zur Akzenttaste bewegen. Wollen Sie die Taste „accent grave“ verwenden, bedienen Sie zusätzlich den linken Umschalter. Wenn Sie mit dem linken kleinen Finger weit nach links oben in die Zifferntastenreihe greifen, erreichen Sie die Taste „accent circonflexe“.

Die Akzente erscheinen nur auf dem Bildschirm, wenn Sie zuerst die Akzenttaste bedienen und danach den darunterstehenden Buchstaben eingeben.

Zeile **Erfassen Sie die Übungen:**

1 aus; aus; bei; bei; mit; mit; war; war; aus; bei; mit; war;
2 5 + 3 = 8, 10 + 9 = 19, 25 + 5 = 30, Eva Jung, * 19..-04-25
3 alt und neu; kühl und nass; früh und spät; hell und dunkel;
4 über kurz oder lang; bei Jung und Alt; den Kürzeren ziehen.

5 Die Auskünfte sind erschöpfend; sie werden nun ausgewertet.
6 Die Beratung ist am Donnerstag; dazu werden Sie eingeladen.
7 Der Großhändler informiert uns; wir erhalten dann die Ware.

8 Café Café Café Café Café Café Coupé Coupé Coupé Coupé Coupé
9 Café Coupé Glacé Doublé Café Coupé Glacé Doublé Glacé Coupé
10 Ampère Ampère Ampère Ampère Molière Molière Molière Molière

11 Mâcon Mâcon Mâcon Mâcon Mâcon Rhône Rhône Rhône Rhône Rhône
12 Café Coupé Glacé Doublé Ampère Molière Mâcon Rhône Molière.
13 Watt und Ampère, an der Rhône, die Stadt Mâcon, mit Hélène.

Werden Schriftzeichen der dritten Schriftzeichenebene benötigt, halten Sie die Taste **AltGr** fest und bedienen die gewünschte Schreibtaste.

14 Wir bedauern es, dass der Artikel # 25 nicht lieferbar ist.
15 Als Ersatz können wir Ihnen den Artikel # 6 sofort liefern.
16 Mit der Funktionstaste <Entf> können Sie Textteile löschen.

Zeile **Uhrzeit** Anschläge

1 Die Ausstellungshalle 30 ist bereits ab 09:30 Uhr geöffnet. 59
2 Der Intercity fährt heute Morgen um 07:30 Uhr in Berlin ab. 59
3 Der Zug aus Stuttgart läuft um 00:05 Uhr auf Gleis 3 b ein. 66

Schreibregeln

- Uhrzeiten kennzeichnet man mit dem Doppelpunkt. In der Uhrzeit sind Stunden, Minuten und Sekunden zweistellig zu schreiben.

Aufgabe

Schreiben Sie die folgenden Beispiele normgerecht:

5 Minuten nach 9 Uhr – 10 Minuten vor 9 Uhr – 8 Minuten nach 24 Uhr

Zeitdauer

4 Für den Triathlon in Hamburg benötigte er 11:07:08 Stunden. 66
5 Sie siegte im 5000-m-Lauf in der Zeit vom 13:08,45 Minuten. 65
6 Bei der Meisterschaft betrug die Siegerzeit 21,43 Sekunden. 63

Schreibregel

- Die Zeitdauer in Stunden und Minuten gliedern Sie durch einen Doppelpunkt. Hundertstel Sekunden trennen Sie als Dezimaleinheit durch ein Komma ab.

Kalenderdaten

7 Der Jubilar ist seit dem 1. April 19.. bei uns beschäftigt. 63
8 In der Bezugszeichenzeile steht das neue Datum: 20..-04-01. 64
9 Warum fehlte das Datum 16.04.20.. auf dem Antwortschreiben? 64

Schreibregeln

- Im alphanumerischen Datum wird die Jahreszahl vierstellig geschrieben.
- Das numerische Datum wird in der Reihenfolge Jahr, Monat, Tag durch Kurzstriche gegliedert. Die Jahreszahl wird vierstellig, Monat und Tag jedoch zweistellig geschrieben. In Schreiben an inländische Empfänger darf das Datum auch in der Reihenfolge Tag – Monat – Jahr – durch Punkte und ohne Leerzeichen geschrieben werden.

Aufgabe

Schreiben Sie die folgenden Beispiele normgerecht:

7. Mai 20.. – 3. Februar 20.. – 10. September 20.. – 3. Januar 20..

Zahlengliederung

10 Unsere Telefonzentrale 5567-1 vermittelt die Ferngespräche. 63
11 Möchten Sie Herrn Hartmann sprechen, wählen Sie 354879-245. 65
12 Die Mitarbeiterin erreichen Sie jetzt unter 02921 3587-236. 63

13 Für das Fernkopieren müssen Sie aber Fax 5544-899 anwählen. 63
14 Übermitteln Sie dem Anwalt die Kopie unter Fax 0228 345-10. 65
15 Die IBAN DE62 8505 0300 0000 7626 43 fehlt in der Fußzeile. 64

Aufgabe

Schreiben Sie die folgenden Beispiele normgerecht:

Telefonnummer: Vorwahl 0231 – Teilnehmerrufnummer 2345 – Durchwahl 523
Telefaxnummer: Vorwahl 02921 – Teilnehmerrufnummer 34564 – Durchwahl 80
Internationale Bankleitzahlen: IBAN DE29367900050000527869 – DE46625670002000633985

- Die Funktionsbereiche einer Telefonnummer oder Telefaxnummer (Anbieter, Landesvorwahl, Ortsnetzkennzahl und Einzelanschluss) werden durch je ein Leerzeichen getrennt. Vor der Durchwahlnummer steht ein Kurzstrich. Funktionsbezogene Teile dieser Nummern dürfen durch Fettschrift oder Farbe hervorgehoben werden.
- Internationale Bankleitzahlen (IBAN) gliedern Sie durch Leerzeichen von links nach rechts in Vierergruppen. Davor steht IBAN.

15 Numerische Tastatur

Wenn überwiegend Zahlen einzugeben sind, ist eine Eingabe über die numerische Tastatur möglich. Dazu bedienen Sie die Taste **Num.** Eine Leuchtdiode über der numerischen Tastatur zeigt den Tastaturstatus an.

Tasten für diese Rechenzeichen sind vorhanden:

÷	*	−	+
Division	Multiplikation	Subtraktion	Addition

Mit der rechten Hand nehmen Sie im numerischen Tastaturbereich diese Grundstellung ein:

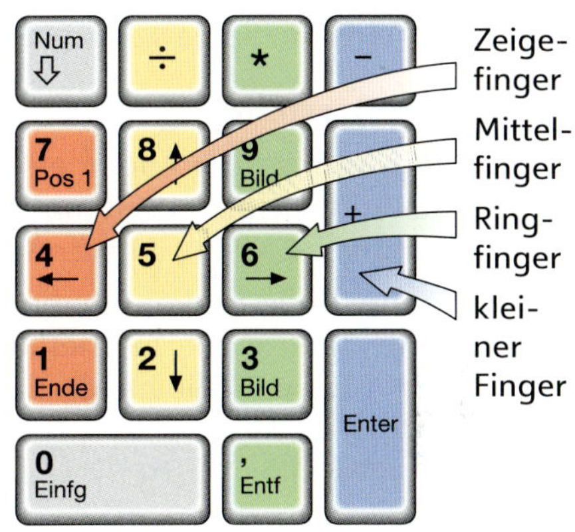

- Der rechte Zeigefinger liegt auf der **4** und schlägt sie an.
- Der rechte Mittelfinger liegt auf der **5** und schlägt sie an.
- Der rechte Ringfinger liegt auf der **6** und schlägt sie an.
- Der rechte Zeigefinger tastet senkrecht hoch zur **7**.
- Der rechte Mittelfinger tastet senkrecht hoch zur **8**.
- Der rechte Ringfinger tastet senkrecht hoch zur **9**.
- Der rechte Zeigefinger tastet senkrecht tief zur **1**.
- Der rechte Mittelfinger tastet senkrecht tief zur **2**.
- Der rechte Ringfinger tastet senkrecht tief zur **3**.
- Die **0** wird mit dem rechten Daumen angeschlagen.
- Der rechte kleine Finger bedient die **+**-Taste und tastet rechts tief zur **Enter**-Taste.
- Der rechte Mittelfinger tastet weit senkrecht hoch zum **Divisionszeichen**.
- Der rechte Ringfinger tastet weit senkrecht hoch zum **Multiplikationszeichen**.
- Der rechte kleine Finger tastet weit senkrecht hoch zum **Subtraktionszeichen**.

Aufgabe

Erfassen Sie diese Übungen:

Grundstellung	Addition	Subtraktion/ Multiplikation	Division/ Nullen	Dezimalzahlen
474	4+4	456-78	55/5	66,66
474	5+5	789-123	555/55	456,66
585	6+6	654-321	525/52	786,66
585	7+7	987-654	745/56	986,65
585	8+8	123-65	2145/58	1236,64
696	9+9	6*6	4785/52	4563,36
696	1+1	66*6	4400	6543,63
474585696	2+2	666*6	5500	8963,36
4140000	3+3	456*4	6600	2563,63
414	4+7+5+8	786*66	7700	6,00
525	6+9+4+1	55*4	8800	5,00
525	5+2+6+3	44*2	9400	4,00
636	4758+6941	88*3	1100	7,00
636	4152+6378	33*6	2200	456,60
414525636	456789+123	843*3	3300	500,00

16 Farbiges Hervorheben – Textausrichtung

Farbiges Hervorheben

Mit Farben heben Sie Textteile besonders hervor. Die Zeichen können Sie farbig darstellen oder farbig markieren.

Farbige Zeichen. Um Zeichen farbig darzustellen, klicken Sie im Register **Start** in der Gruppe **Schriftart** den Pfeil hinter dem Großbuchstaben A an und danach die gewünschte Schriftfarbe.

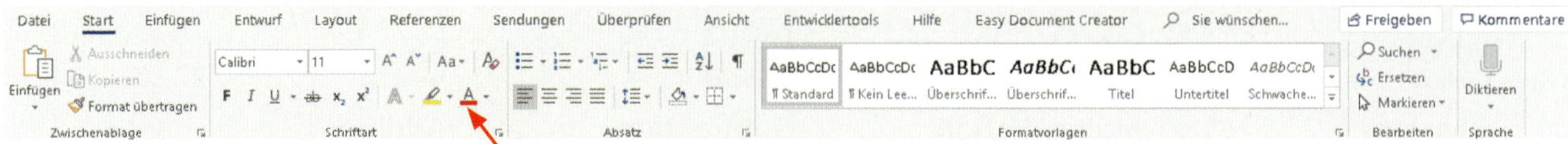

Farbiges Markieren. Zum farbigen Markieren klicken Sie ebenfalls im Register **Start** in der Gruppe **Schriftart** den Textmarker an. Es öffnet sich ein Fenster mit einer Farbpalette, in der Sie die gewünschte Markierungsfarbe auswählen. Führen Sie nun den Mauszeiger mit dem Farbstift an die gewünschte Stelle und markieren Sie die Textteile.

Textausrichtung

Texte werden im Allgemeinen linksbündig erfasst. Dadurch entsteht rechts ein Flatterrand. Durch Blocksatz erhält man ein ausgeglichenes Zeilenende, indem zwischen den Wörtern automatisch größere Abstände eingefügt werden.

Um Textteile hervorzuheben, können sie eingemittet werden. Diese Art der Hervorhebung heißt „Zentrieren". In Briefköpfen oder neben Bildern können Texte auch rechtsbündig ausgerichtet werden. Sie haben dann auf der linken Seite einen Flatterrand.

Linksbündig	Strg + L	**Zentriert**	Strg + E
Blocksatz	Strg + B	**Rechtsbündig**	Strg + R

Linksbündig	Textverarbeitungsprogramme bieten uns die Möglichkeit, Texte optisch ansprechend zu gestalten. Dieser Textblock ist linksbündig ausgerichtet. Er beginnt immer in Spalte 1. Rechts ist ein ungleichmäßiger Flatterrand.
Blocksatz	Textverarbeitungsprogramme bieten uns die Möglichkeit, Texte optisch ansprechend zu gestalten. Dieser Text ist im Blocksatz ausgerichtet. Links und rechts ist ein gleichmäßiger Rand.
Zentriert	Textverarbeitungsprogramme bieten uns die Möglichkeit, Texte optisch ansprechend zu gestalten. Dieser Textblock ist zentriert. Er steht zwischen den beiden Rändern.
Rechtsbündig	Textverarbeitungsprogramme bieten uns die Möglichkeit, Texte optisch ansprechend zu gestalten. Dieser Textblock ist rechtsbündig. Links ist ein ungleichmäßiger Flatterrand.

Aufgabe

Erfassen Sie den Text und formatieren Sie ihn wie unten abgebildet.

Der Bildschirm

Auf dem Monitor werden die Bilder durch Bildpunkte, die als Pixel bezeichnet werden, dargestellt. Je mehr Pixel vorhanden sind, desto besser ist die Qualität der Bildwiedergabe.

Für eine gute Bildschirmqualität ist aber auch die Bildwiederholungsrate entscheidend. Sie sollte mehr als 100 Hertz betragen. Diese Angabe bezieht sich auf die Anzahl der in einer Sekunde wiedergegebenen Bilder. Die Bildwiederholungsfrequenz hängt von der Grafikkarte ab. Die Grafikkarte und der Monitor müssen bei der Installation aufeinander abgestimmt werden.

Verändern der Einzüge

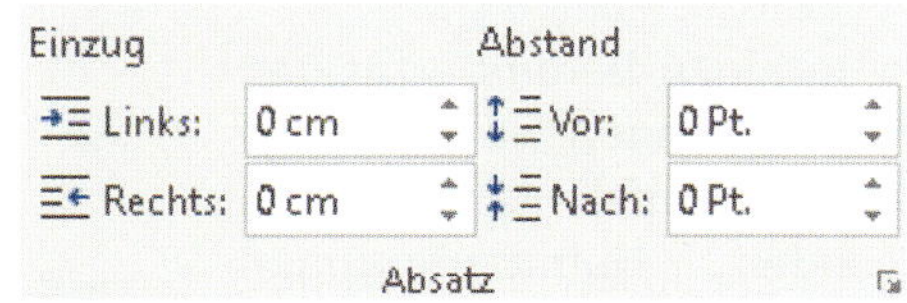

- Innerhalb eines Dokumentes können Sie den Rand für einen bestimmten Bereich verändern. Das geschieht in dem Register **Layout** der Gruppe **Absatz**. Hinter **Einzug Links:** oder **Einzug Rechts:** geben Sie die gewünschten Maße ein.
- Um den Rand überschreiten zu können, sind Negativeinzüge erforderlich. Das bedeutet, dass Sie vor die cm-Angabe jeweils das Minuszeichen setzen (z. B. -2 cm).
- Zum Hervorheben können Sie längere Textteile einrücken. Dazu verändern Sie den linken Einzug auf 2,5 cm. Dieses Maß entspricht den Schreib- und Gestaltungsregeln für die Text- und informationsverarbeitung (DIN 5008).
- Für das Verändern der Einzüge können Sie auch die Symbole im Startmenü anklicken.

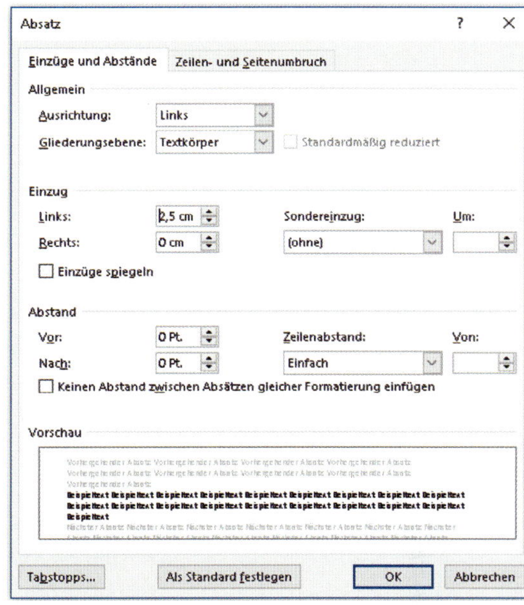

Arbeitsablauf

Layout – Gruppe Absatz – Einzug Links: 2,5 cm – OK – oder – Symbol anklicken

Zeilenabstände

Zeilenabstände verändern Sie im Register **Start** in der Gruppe **Absatz**. Dazu klicken Sie dieses Symbol an:

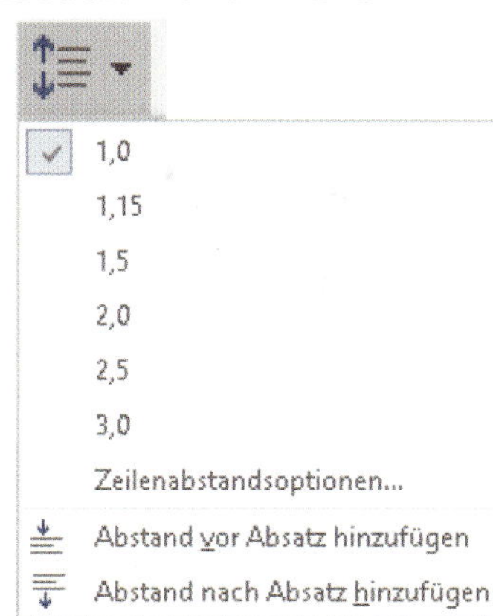

- Sie stellen nun den gewünschten Zeilenabstand ein. Unter Zeilenabstandsoptionen können Sie unter **Zeilenabstand** beispielsweise auch den Mindestabstand oder das genaue Maß festlegen.
- Für die Zeilenabstände können Sie auch diese Kurzbefehle eingeben:

Zeilenabstand 1:	Strg + 1
Zeilenabstand 2:	Strg + 2
Zeilenabstand 1,5:	Strg + 5

Aufgabe

Erfassen Sie den Text und rücken Sie die Textteile ein.

Das Produkt MEGAPLUS 2019 bietet Ihnen neue Möglichkeiten für eine effiziente Kommunikation und Zusammenarbeit. Greifen Sie auf Daten zu, die Sie für fundierte Entscheidungen und bessere Geschäftsabläufe benötigen. Arbeiten Sie dabei mit vertrauten Anwendungen!

Nutzen Sie die erweiterten Funktionen der aktuellen Versionen für die Textverarbeitung, Tabellenkalkulation und Präsentationen.

Bestimmen Sie selbst, wer Zugriff zu Ihren Informationen und Dokumenten hat und wie diese weiterverwendet werden.

Auf diese Weise können Sie Ihre Entscheidungen fundierter treffen und für bessere Geschäftsabläufe sorgen.

Aufzählungszeichen

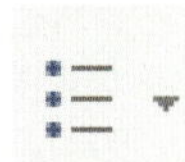

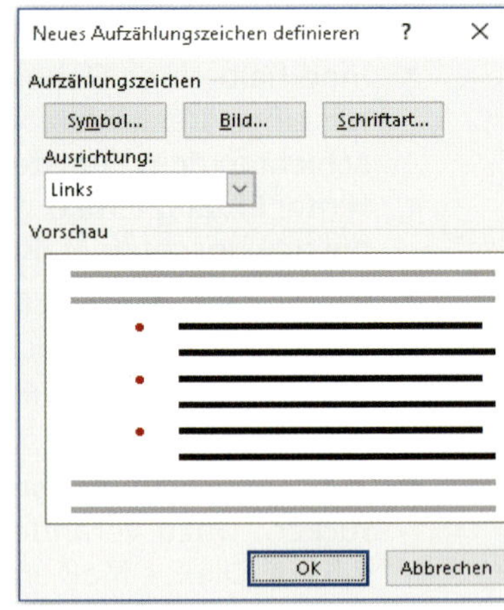

- In einen bereits erfassten Text können Sie nachträglich Aufzählungszeichen oder Nummerierungen einfügen. In dem Register **Start** klicken Sie in der Gruppe **Absatz** das Symbol **Aufzählungszeichen** an. Es erscheint nun das zuletzt eingestellte Zeichen in Ihrem Text. Wollen Sie andere Aufzählungszeichen verwenden, klicken Sie den Pfeil hinter dem Symbol  an. Hier können Sie nun verschiedene Aufzählungszeichen auswählen. Unter **Neues Aufzählungszeichen definieren** ist es möglich, andere Aufzählungszeichen, Bilder, Schriftart und -größe zu verändern.

Nummerierung

- Zum Einstellen von Nummerierungen klicken Sie ebenfalls in dem Register **Start** in der Gruppe **Absatz** das Symbol **Nummerierung** 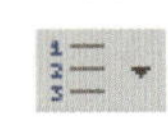 an.
- Den Abstand verändern Sie, indem Sie die Einzugsmarken im Lineal verschieben. Der Text steht in einer Fluchtlinie untereinander.

Arbeitsablauf

Start – Symbol Aufzählungszeichen oder Nummerierung anklicken – Aufzählungszeichen oder Nummerierungsart wählen – Abstand zwischen Aufzählungszeichen oder Nummerierung im Lineal anpassen

Aufgabe

Erfassen Sie den Text und gestalten Sie ihn wie unten abgebildet.

Die Hardware des Computers

- Die *Tastatur* ist an Computern die wichtigste Eingabeeinrichtung. Daneben dient die Maus zur Befehlseingabe. Über einen *Scanner* lassen sich Bilder in die Zentraleinheit einlesen. Spracherfassungssysteme sind keine ernsthafte Konkurrenz zur Tastatureingabe. Ihre Fehlerquote ist sehr hoch und das Korrigieren sehr umständlich.
- Als externer Speicher hat die Festplatte die größte Speicherkapazität. Die *CD* und die *DVD* sind als Speichermedien sehr beliebt. Für kleinere Datenmengen können Sie den *USB-Stick* verwenden.
- Für qualitativ anspruchsvolle Drucke empfehlen sich *Laser-* und *Tintenstrahldrucker.* Mit beiden Druckertypen ist auch Farbdruck möglich.

Form des Rahmens

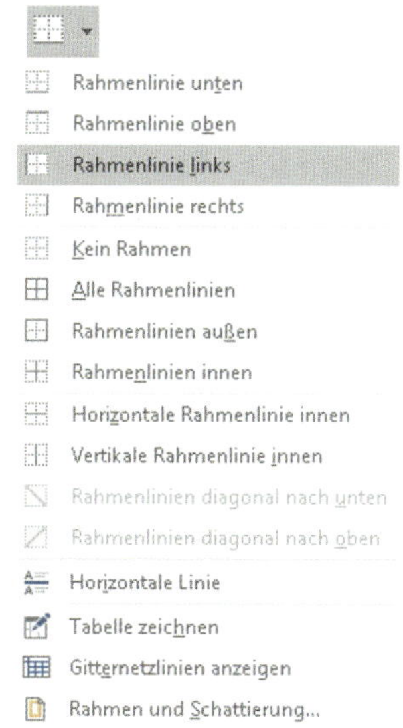

- Um einen Text zu umranden, klicken Sie in dem Register **Start** der Gruppe **Absatz** das **Symbol Rahmen** an. Hier stellen Sie die gewünschte Rahmen- oder Linienart ein.
- Um die Form oder die Farbe des Rahmens, die Form oder die Breite der Linie einstellen zu können, klicken Sie **Rahmen und Schattierung** an. Entscheiden Sie sich bei der Form des Rahmens für **Kontur**, haben alle Linien oben, unten links und rechts die gleiche Rahmenbreite.
- Stellen Sie **Schatten** ein, sind die rechte und die untere Linie stärker als die anderen beiden Linien. Sie haben zudem einen schwarzen Schatten. Neben diesen Rahmenformen können Sie auch noch einen **Drei-D-Rahmen** einstellen.

Linienart

- Als Standardeinstellung wird eine durchgehende Linie als Linienart (Formatvorlage) verwendet. Sie haben auch die Möglichkeit, gepunktete, gestrichelte, gewellte, schattierte oder doppelte Linien einzustellen.

Breite der Linie

- Bei der Breite können Sie zwischen ½ Pt. und 6 Pt. wählen. Durch eine breite Linie erzielt ein schattierter Rahmen eine besondere Wirkung. Den Rahmen können Sie farblich hervorheben.
- In der Vorschau betrachten Sie die Form des Rahmens. Es ist auch möglich, in der Vorschau Linien einzustellen. Zu diesem Zweck klicken Sie die gewünschte Seitenlinie an.

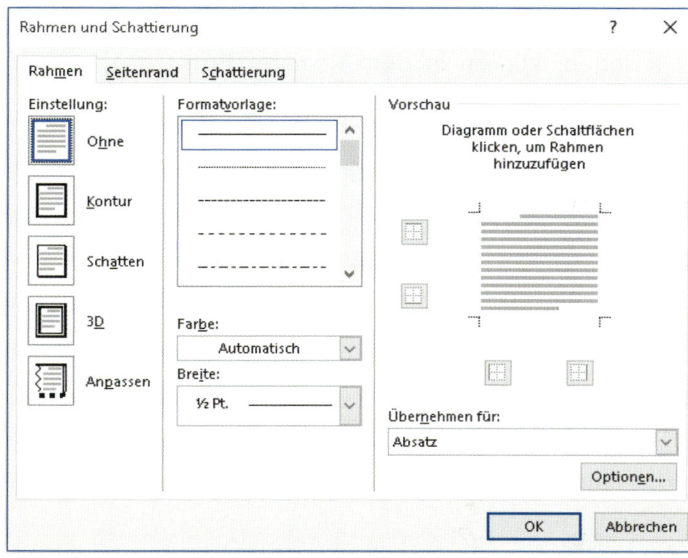

Arbeitsablauf

Markieren – Start – Symbol für den Rahmen anklicken – Rahmen und Schattierung – Rahmenform auswählen – Linienform (Formatvorlage) auswählen – Farbe der Linie anklicken – Breite der Linie festlegen – OK

Aufgabe

Erfassen Sie den Text und formatieren Sie ihn wie nachstehend abgebildet.

Welche Suchmaschine eignet sich für Ihren Zweck?

Allgemeine Suchmaschinen sind leistungsfähige Computer, die das Internet ständig nach neuen Informationen durchsuchen und diese in Datennetzen abspeichern. Gibt man in das Eingabefenster einer Suchmaschine einen Begriff ein, werden die passenden Ergebnisse aus verschiedenen Datenbanken generiert.

Bei allgemeinen Suchmaschinen sind Computer für die Ergebnisse zuständig. Web-Kataloge hingegen werden von Menschen erstellt. Eine Redaktion begutachtet die Seiten im Internet und sortiert sie in einen Schlagwortkatalog ein. Web-Kataloge eignen sich gut zur Suche nach einem bestimmten Thema oder Sachgebiet.

Spezialsuchmaschinen widmen sich nur einem bestimmten Bereich. Sie haben einen großen Vorteil: Die Datenmenge, die sie durchsuchen, ist relativ überschaubar. Die Wahrscheinlichkeit, brauchbare Treffer zu erzielen, ist groß. Es gibt Suchmaschinen für die verschiedensten Themen.

Hintergrundschattierung

- Wenn Sie den Text mit einer Schattierung hinterlegen wollen, klicken Sie in dem Register **Start** der Gruppe **Absatz** das Symbol **Schattierung** an. Hier stellen Sie unter **Designfarben** die gewünschte Hintergrundfarbe ein.

Arbeitsablauf

Markieren – Start – Symbol Schattierung – Designfarben – Farbe auswählen – OK

Seitenfarbe

- Wollen Sie eine ganze Seite farblich hinterlegen, klicken in dem Register **Entwurf** in der Gruppe **Seitenhintergrund** die **Seitenfarbe** an.
- Möchten Sie den Hintergrund grafisch noch ansprechender gestalten, wählen Sie **Fülleffekte** aus. In verschiedenen Dialogfeldern können Sie unterschiedliche Formen und mehrere Farben einstellen.

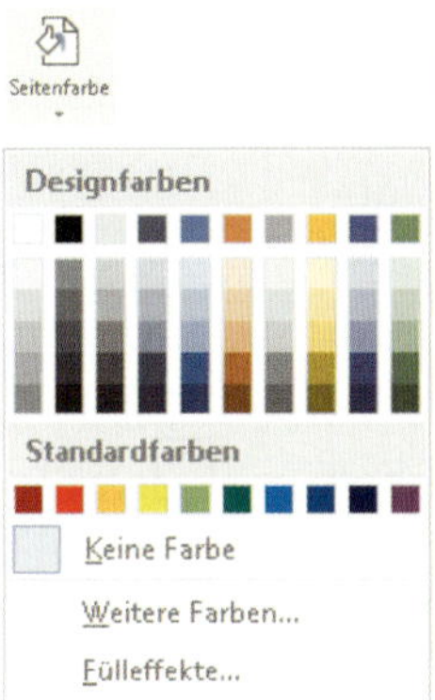

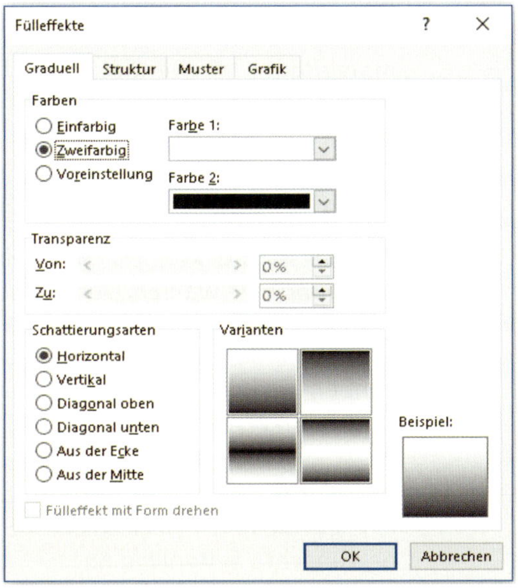

Arbeitsablauf

Entwurf – Seitenfarbe – Farbe auswählen – evtl. Fülleffekte auswählen – OK

Wasserzeichen

- Sie haben auch die Möglichkeit, die Seiten Ihres Dokumentes mit einem Wasserzeichen zu hinterlegen. Zu diesem Zweck klicken Sie im Register **Entwurf** der Gruppe **Seitenhintergrund** den Pfeil unter **Wasserzeichen** an. Sie können auch ein Digitalfoto als Wasserzeichen einfügen. Dazu klicken Sie **Benutzerdefiniertes Wasserzeichen** und **Bildwasserzeichen** an. Nun wählen Sie Ihre Datei aus. Nachdem Sie **Übernehmen** eingestellt haben, erscheint Ihr Wasserzeichen auf Ihrer Dokumentseite.

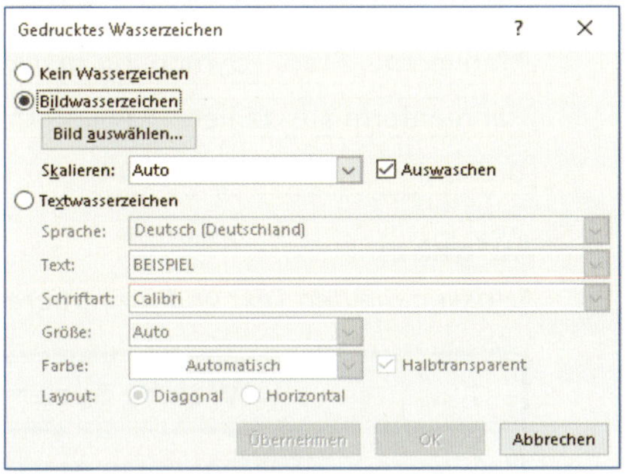

Arbeitsablauf

Entwurf – Wasserzeichen – Benutzerdefiniertes Wasserzeichen – Bildwasserzeichen – Bild auswählen – Aus einer Datei: Durchsuchen – Ordner auswählen – Bild anklicken – Einfügen – Übernehmen – Schließen

Seitenränder

- Wollen Sie Ihr Dokument mit einem Seitenrand versehen, klicken Sie in dem Register **Entwurf** der Gruppe **Seitenhintergrund** die **Seitenränder** an. Sie gelangen dann in das Dialogfeld **Rahmen und Schattierung** und können nun in dem Dialogfeld **Seitenrand** unter **Effekte** einen ansprechenden Seitenrand auswählen.

Arbeitsablauf

Entwurf – Seitenränder – Effekte – Effekte auswählen – OK

Aufgaben

a) Erfassen Sie den Text.

b) Stellen Sie für den Text (einschließlich der Überschrift) Schriftart Verdana ein. Für den Text wählen Sie Schriftgrad 11.

*c) Für die Überschrift nehmen Sie diese Formatierungen vor:
Schriftgrad 16, Fettschrift, dunkle Hintergrundschattierung, helle Schrift*

d) Fügen Sie ein Bildwasserzeichen aus dem Internet ein.

e) Nehmen Sie die weiteren Formatierungen wie unten abgebildet vor.

f) Stellen Sie für den Text Blocksatz ein.

g) Nehmen Sie die Worttrennung (Silbentrennung) nachträglich vor.

Europa – ein Wirtschaftsriese

Frühere Erweiterungen der Europäischen Union vollzogen sich in einem geteilten Europa. Der Zusammenschluss der Staaten Europas bietet die Chance, den Kontinent wieder zu vereinigen. Die EU hat Länder mit unterschiedlichen Ausgangsvoraussetzungen aufgenommen. Darunter sind sogar ehemalige Sowjetrepubliken.

Ein geteiltes Europa wird für die Werte eintreten, auf denen die Europäische Union errichtet wurde. Dazu gehören *Demokratie, Rechtsstaatlichkeit, Achtung der Menschenrechte und Minderheitenschutz.* Nur so kann Europa seine Rolle auf der politischen und wirtschaftlichen Bühne auch wahrnehmen.

In der Europäischen Union leben rund 512,5 Millionen Menschen auf 4 Millionen Quadratmetern. Europa ist ein Wirtschaftsriese. Mit einem

Bruttoinlandsprodukt von rund 15,9 Billionen €

erreichen die Europäische Union und die Eurozone die Wirtschaftskraft der Vereinigten Staaten von Amerika.

Durch harmonisierte Rechtsvorschriften in einem erweiterten Binnenmarkt erhalten Exporteure und Importeure aus Ländern außerhalb der EU neue Chancen. Sie können mit diesem großen Markt auf der Grundlage einheitlicher Handelsvorschriften und einheitlicher Zolltarife Wirtschaftsbeziehungen pflegen. Dazu tragen auch einheitliche Verwaltungsverfahren bei. Das wird zunehmend bessere Handelsbeziehungen schaffen und den Wohlstand fördern.

> Die Bürger in den neuen EU-Ländern haben in freien Wahlen ihre Mündigkeit bewiesen. Sie achten die Menschenrechte und verbessern den Schutz von Minderheiten. Es ist selbstverständlich, dass die neuen Mitgliedsländer mit ihren Nachbarstaaten friedlich zusammenleben werden.

Der marktwirtschaftliche Umbauprozess hat auch schon begonnen. Die Wirtschaft dieser Länder wächst doppelt so schnell wie in den alten Ländern. Dadurch wird die Konjunktur gestützt. Die Länder Mittel- und Osteuropas werden mit ihrem Wachstumspotenzial zu einem wichtigen Wachstumsmotor für die Wirtschaft Europas werden.

Text in Spalten

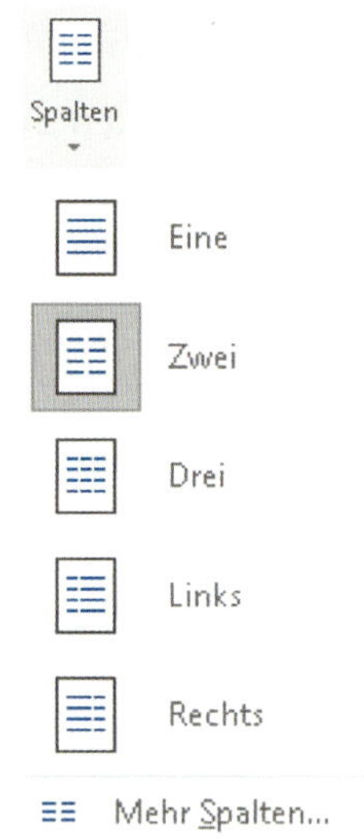

- Texte können Sie in Spalten nebeneinander anordnen. Dazu klicken Sie in dem Register **Layout** in der Gruppe **Seite einrichten** die Funktion **Spalten** an. Hier geben Sie die Spaltenanzahl ein. Den Text sollten Sie vorher markieren.
- Bei einer zwei- oder dreispaltigen Anordnung haben die Spalten die gleiche Länge. Klicken Sie **Links** oder **Rechts** an, ist die Spalte an der jeweiligen Seite schmaler. Zwischen den Spalten ist ein Abstand von 1,25 cm, den Sie aber vergrößern oder verkleinern können.
- Es ist auch möglich, für die Spalten eine unterschiedliche Breite einzustellen. Zu diesem Zweck klicken Sie das Symbol **Spalten** und danach **Mehr Spalten** an.

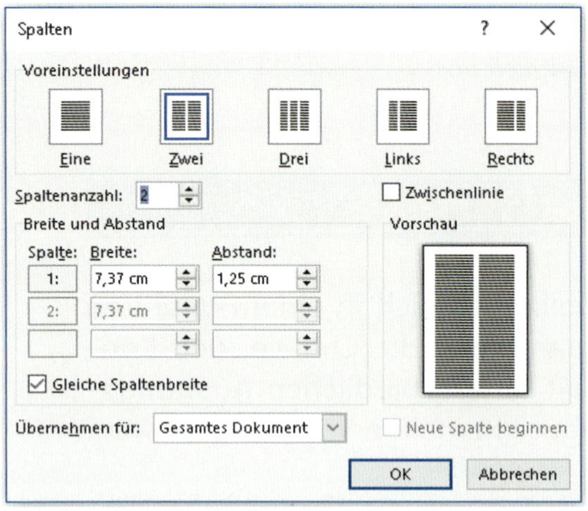

- Wenn Sie es wünschen, fügen Sie zwischen beiden Spalten eine Zwischenlinie ein.
- Um einen Spaltenumbruch an der gewünschten Stelle herbeizuführen, geben Sie **Strg + Umschalter + Return** ein.

Arbeitsablauf

Markieren – Layout – Spalten – Spaltenanzahl anklicken – evtl. Mehr Spalten anklicken – Maße eingeben – OK

Initial

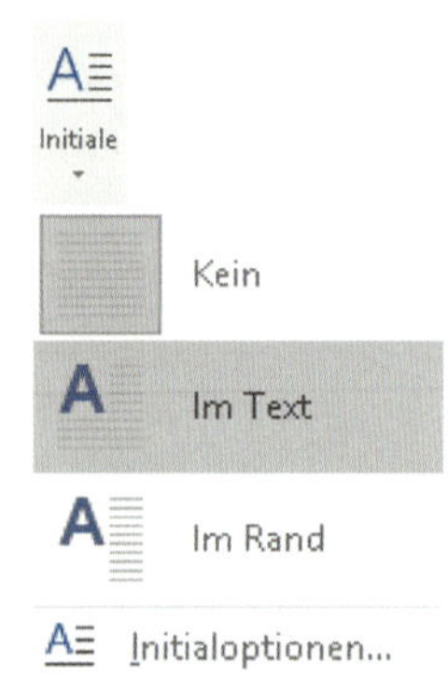

- Den ersten Buchstaben eines Absatzes können Sie optisch hervorheben. Ein solch vergrößerter Buchstabe wird als Initial bezeichnet. Sie rufen **Initiale** in dem Register **Einfügen** der Gruppe **Text** auf. Hier bestimmen Sie die Position des Initials und wählen die **Initialoptionen**, um die Größe des Buchstabens festzulegen.

Arbeitsablauf

Einfügen – Initiale – Position wählen – Initialoptionen – Im Text – Maße eingeben – OK

Aufgabe

Erfassen Sie den Text und formatieren Sie ihn wie nachstehend abgebildet.

Der Handlungsbevollmächtigte

Kaum ein Unternehmer kann alle Arbeiten in seinem Betrieb allein verrichten. Er ist auf die Hilfe von Mitarbeiterinnen und Mitarbeitern angewiesen, die ihn unterstützen. Sie haben bestimmte Aufgaben zu übernehmen. Sichtbares Zeichen dieser Arbeitsteilung sind die Abteilungen, z. B. für den Einkauf.

Aus betriebswirtschaftlichen Gründen ist eine Gliederung in spezielle Funktionsbereiche erforderlich. Eine Verantwortung kann der Unternehmer seinen besonders befähigten Mitarbeitern übertragen. Die häufigste Form, Verantwortung zu übertragen, ist die Handlungsvollmacht. Sie ist an keine Form gebunden.

Handlungsvollmachten können sowohl von Vollkaufleuten und Prokuristen als auch von Minderkaufleuten erteilt werden. Es ist auch möglich, die Handlungsvollmacht stillschweigend zu erteilen, wenn beispielsweise bestimmte Handlungen der Mitarbeiter vom Inhaber des Unternehmens geduldet werden.

Nach dem Handelsgesetzbuch sind drei Arten von Vollmachten zu unterscheiden. Alle Geschäfte und Rechtshandlungen kann der Bevollmächtigte bei einer Gesamtvollmacht erledigen. Eine Gesamtvollmacht haben im Allgemeinen die Filialleiter oder Geschäftsführer. Sie haben weitreichende Befugnisse.

Tabelle erstellen

- Tabellen erstellen Sie über das Register **Einfügen** in der Gruppe **Tabellen**. Nachdem Sie das Symbol **Tabelle** angeklickt haben, öffnet sich ein Fenster mit Kästchen. Sie klicken hier die Anzahl der gewünschten Spalten an. Es erscheint nun ein Gitternetz auf dem Bildschirm.
- Beim Erfassen einer Tabelle bedienen Sie nach jedem Datenfeld die Tab-Taste. Das gilt auch für das letzte Datenfeld einer Zeile.
- Tabellenköpfe gliedern Sie durch waagerechte und senkrechte Linien übersichtlich. Die Spaltenüberschriften im Tabellenkopf – mit Ausnahme der Vorspalte – zentrieren Sie.
- Texte in Feldern richten Sie linksbündig, Zahlen hingegen rechtsbündig aus.
- Durch waagerechte und senkrechte **Linien** lassen sich Tabellen übersichtlich gliedern. Waagerechte Linien sollten Sie nur über den Summenzeilen und zur Gruppierung verwenden. Durch **Hintergrundschattierungen** erhöhen Sie die Lesbarkeit einer Tabelle.

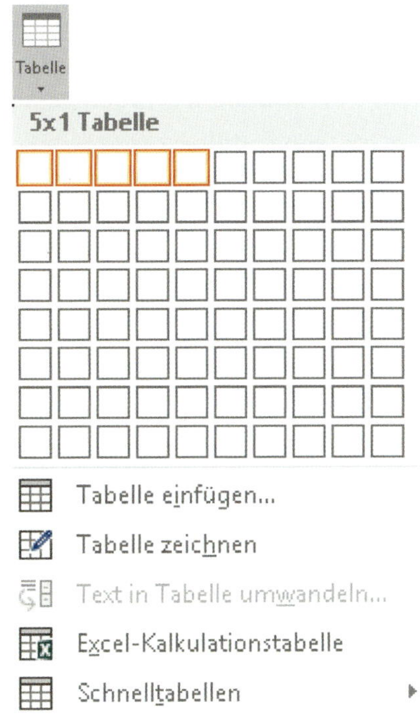

Arbeitsablauf

Einfügen – Tabelle – Anzahl der Spalten anklicken – Tabelle erfassen

Tabellen formatieren

- Befinden Sie sich in einer Tabelle und klicken das Register **Layout** an, können Sie die Tabelle nach Ihren Wünschen gestalten. So können Sie beispielsweise Zellen verbinden oder teilen, die Textrichtung verändern oder sortieren.

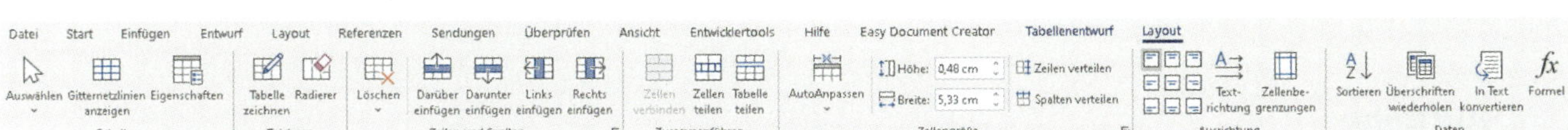

- In dem Register **Layout** in der Gruppe **Tabelle – Eigenschaften** verändern Sie die vertikale Textausrichtung oder die Abstände zwischen den Linien und dem Text. Zu diesem Zweck klicken Sie in den **Tabelleneigenschaften** nacheinander **Zelle** und **Optionen** an. In dem Fenster **Zellenoptionen** entfernen Sie das Häkchen vor „Wie gesamte Tabelle" und geben die Maße ein.

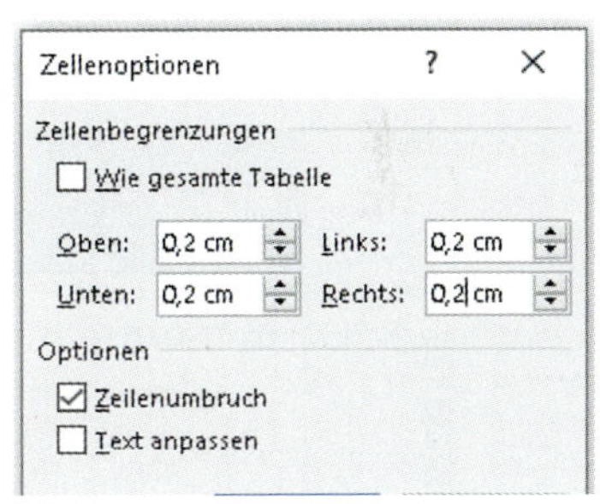

Arbeitsablauf

Layout – Eigenschaften – Ausrichtung bestimmen – Zelle – Optionen – Häkchen vor „Wie gesamte Tabelle" entfernen und Maße eingeben – OK

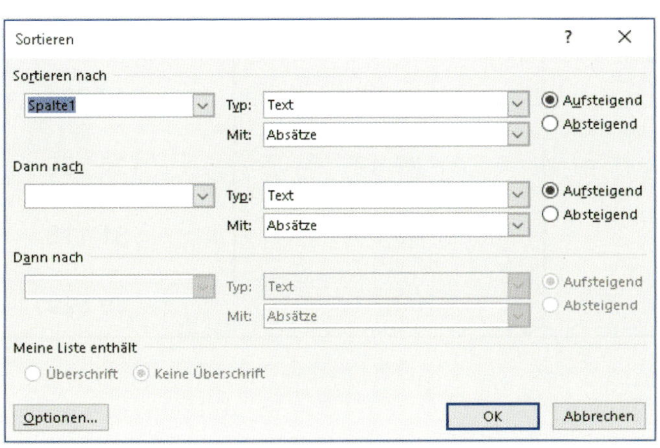

Sortieren

Zum Sortieren von Tabellen befinden Sie sich mit dem Cursor in der Tabelle. Sie klicken nun in dem Register **Layout** das Dialogfeld **Sortieren** an. Sie stellen dann **Aufsteigend** oder **Absteigend** ein.

Arbeitsablauf

Layout – Sortieren – Sortierkriterium und Sortierfolge einstellen – OK

Formatvorlagen für Tabellen

- Befinden Sie sich in der Tabelle, können Sie in dem Register **Tabellenentwurf** in der Gruppe **Tabellenvorlagen** verschiedene Vorlagen auswählen.

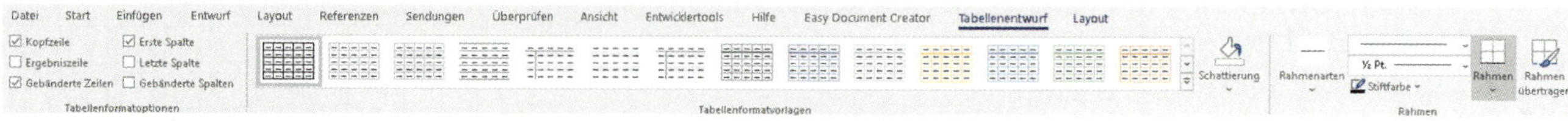

Aufgabe

Erfassen Sie die Tabelle und formatieren Sie diese wie abgebildet.

Ewige Bundesligatabelle

Platz	Verein	Spiele	Tore	Punkte
1	FC Bayern München	1714	3717 : 1906	2832
2	SV Werder Bremen	1740	2936 : 2506	2207
3	Borussia Dortmund	1638	2862 : 2333	2175
4	Hamburger SV	1774	2844 : 2515	2174
5	VfB Stuttgart	1706	2866 : 2470	2115
6	FC Schalke 04	1604	2371 : 2294	1980

Aufgabe

Erfassen Sie die Tabelle und formatieren Sie diese wie unten abgebildet.

	Planet	Entfernung zur Sonne in Mio. km	Umlaufzeit um die Sonne in Jahren	Durchmesser in km
Unser Sonnensystem	Merkur	58	0,24	4 879
	Venus	108	0,62	12 104
	Erde	150	1,00	12 756
	Mars	228	1,88	6 794
	Jupiter	778	11,86	142 984
	Saturn	1 429	29,42	120 536
	Uranus	2 870	83,75	51 118
	Neptun	4 504	163,72	49 528

Aufgaben

1. *Wählen Sie die Schriftart „Arial", Schriftgröße 10.*
2. *Stellen Sie den linken und rechten Rand auf 2,5 cm.*
3. *Erfassen Sie die Tabelle.*

China	Peking	1 358 100 000	9 596 961	138,6
Indien	Neu-Delhi	1 259 700 000	3 287 263	356,9
Vereinigte Staaten	Washington	313 900 000	9 826 675	31,6
Indonesien	Jakarta	241 000 000	1 904 589	127,6
Brasilien	Brasilia	194 300 000	8 514 877	23,6
Pakistan	Islamabad	180 400 000	796 095	231,6
Bangladesch	Dhaka	152 900 000	143 998	1 084,2
Nigeria	Abuja	152 200 000	923 786	164,8
Russland	Moskau	143 200 000	17 098 242	8,0
Japan	Tokio	127 600 000	377 915	335,5
Mexiko	Mexiko-Stadt	116 100 000	1 964 375	57,3
Philippinen	Manila	92 300 000	299 000	338,0
Vietnam	Hanoi	89 000 000	331 210	270,4
Äthiopien	Addis Abeba	87 000 000	1 104 300	79,7
Ägypten	Kairo	82 300 000	1 001 450	80,4
Deutschland	Berlin	80 500 000	357 121	230,5
Iran	Teheran	78 900 000	1 647 185	46,7
Türkei	Ankara	75 600 000	783 562	90,6

Tabelle nach: www.wikipedia.de, 11. Juni 2014

4. *Stellen Sie für die Tabelle die Schriftart „Tahoma", Schriftgröße 11, ein.*
5. *Setzen Sie die Überschrift „Die größten Länder der Erde" ein. Wählen Sie eine WordArt-Form aus. Wählen Sie dafür die Schriftart „Tahoma", Schriftgröße 20. Zentrieren Sie die Überschrift.*
6. *Fügen Sie eine Zeile für den Tabellenkopf mit den Spaltenbezeichnungen „Land" – „Hauptstadt" – „Einwohner" – „Fläche km^2" – „Einwohner je km^2" ein.*
7. *Heben Sie die Spaltenüberschriften in Fettschrift hervor und zentrieren Sie diese – mit Ausnahme der 1. Spaltenüberschrift. Versehen Sie den Spaltenkopf mit einer dunklen Hintergrundschattierung. Stellen Sie die Schriftfarbe auf Weiß.*
8. *Legen Sie die Spaltenbreite so fest, dass die Leerräume zwischen den Textteilen gleichmäßig verteilt sind. Die Spaltenüberschrift „Einwohner je km^2" ordnen Sie in zwei Zeilen an.*
9. *Versehen Sie jede zweite Zeile mit einer hellgrauen Hintergrundschattierung.*
10. *Zentrieren Sie die Spaltenüberschriften vertikal.*
11. *Stellen Sie den Abstand zwischen Linien (vertikal und horizontal) und dem Text auf 0,2 cm.*
12. *Richten Sie die Zahlen rechtsbündig aus.*
13. *Löschen Sie die horizontalen Linien der Tabelle mit Ausnahme der Spaltenbezeichnungen und der Außenlinien.*
14. *Zentrieren Sie die Tabelle zwischen den Seitenrändern.*
15. *Speichern Sie unter dem Dateinamen* **Größte Länder der Erde**.

Setzen von Tabstopps

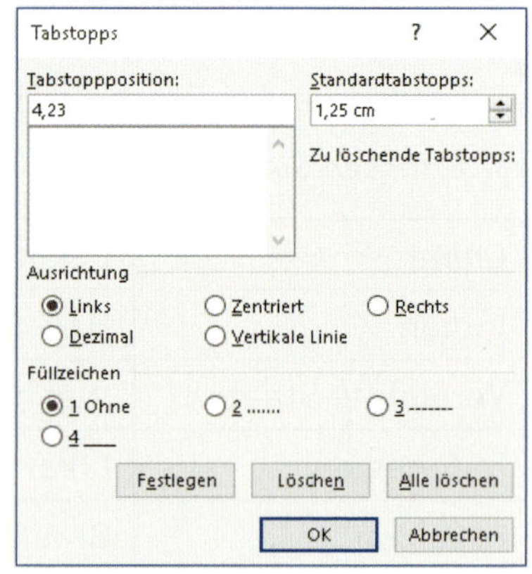

- In manchen Fällen empfiehlt es sich, Tabstopps zu setzen, um bestimmte Positionen innerhalb einer Zeile mit der Tab-Taste ansteuern zu können. Auch bei nachträglichen Formatierungen bleiben diese Positionen im Text bestehen.
- In einem Abstand von 1,25 cm sind bereits standardmäßig Tabstopps gesetzt. Für das Setzen abweichender Tabstopps klicken Sie in dem Register **Start** der Gruppe **Absatz** den rechtsschrägen Pfeil an und wechseln danach in das Dialogfeld **Tabstopps** über. Hinter der Tabstoppposition geben Sie das Maß ein. Das Setzen des Tabstopps bewirkt die Schaltfläche **Festlegen**. Gesetzte Tabstopps zeigt das Zeilenlineal an.
- Bei der Ausrichtung der Tabstopps kann zwischen linksbündiger, zentrierter, rechtsbündiger oder dezimaler Ausrichtung gewählt werden.
- Die Leerräume zwischen den Spalten können Sie durch Striche oder Punkte auffüllen. Hierzu klicken Sie die gewünschten **Füllzeichen** an.
- Erfassen Sie eine Aufstellung mit Tabstopps, bedienen Sie am Zeilenende die Returntaste.

Arbeitsablauf

Start – rechtsschrägen Pfeil in der Gruppe Absatz anklicken – Tabstopps anklicken – Position eingeben – Ausrichtung bestimmen – Festlegen – OK

Aufgabe

Geben Sie die folgende Tabelle ein. Setzen Sie den Tabstopp auf 5,5 und 10,25 cm. Bedienen Sie jeweils am Zeilenende die Return-Taste.

Größte europäische Länder

Land	**Hauptstadt**	**Einwohner**
Deutschland	Berlin	81 890 000
Frankreich	Paris	65 697 000
Großbritannien	London	63 228 000
Italien	Rom	60 918 000
Spanien	Madrid	46 218 000

Setzen von Tabstopps im Lineal

- Zum Setzen der Tabstopps mit der Maus im Lineal führen Sie den Mauszeiger auf die gewünschte Position und klicken die linke Maustaste an.
- Sie legen die Ausrichtung der Tabstopps fest, indem Sie das Ausrichtungssymbol vor dem Lineal anklicken.

Linksbündig Zentriert Rechtsbündig Dezimal Vertikale Linie

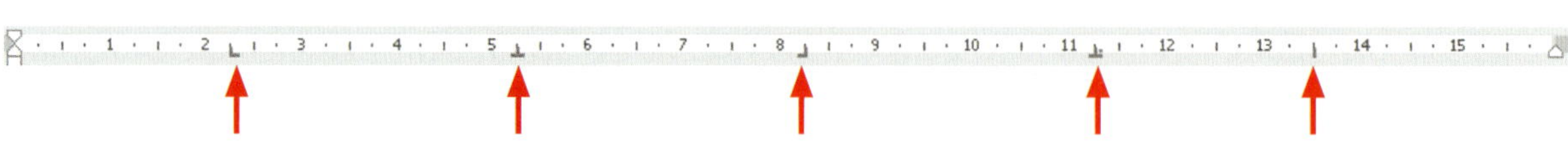

Löschen von Tabstopps

- Löschen Sie die alten Tabstopps, bevor Sie neue eingeben.

Arbeitsablauf

Start – rechtsschrägen Pfeil in der Gruppe Absatz anklicken – Tabstopps anklicken – Alle löschen – OK

- Beim Löschen mit der Maus führen Sie den Mauszeiger in das Lineal. Sie klicken die linke Maustaste an, halten sie fest und ziehen das Symbol des Tabstopps aus dem Lineal heraus.

Aufgabe

Erfassen Sie die nachstehende Tabelle. Setzen Sie die Tabstopps auf 4,02 cm (linksbündig), 8,68 cm (zentriert) und 13,54 cm (rechtsbündig). Sortieren Sie die Tabelle nacheinander nach diesen Kriterien: Vornamen, Rechnungsnummer und Betrag.

Name	**Vorname**	**Rechnung**	**Betrag EUR**
Ziegler	Mark	353	797,50
Brinkmann	Tanja	623	455,00
Helmer	Eva-Maria	175	356,00
Lehmann	Svenja	398	495,00
Busch	Rainer	453	142,00
Niemann	Linda	223	353,00
Kleinkamp	Markus	345	892,20

Aufgabe

Setzen Sie den ersten Tabstopp auf 2,5 cm (linksbündig) und den zweiten Tabstopp auf 14 cm, Ausrichtung rechts, Füllzeichen 2. Die Überschrift soll keine Füllzeichen haben. Wählen Sie Schriftart Verdana, Schriftgrad 10,5. Stellen Sie den rechten Einzug auf 3 cm.

Abschnitt	**Inhalt**	**Seite**
1	Software	2
1.1	Standardsoftware	3
1.1.1	Textverarbeitungsprogramm Word	4
1.1.2	Tabellenkalkulationsprogramm Excel	5
1.1.3	Präsentationsprogramm PowerPoint	6
1.2	Branchensoftware	7
1.2.1	Datenbankprogramm	8
1.2.2	Rechnungserstellungsprogramm	9

Aufgaben nach Lernsituationen

Sie haben als Sachbearbeiter(in) der Möbelfabrik Thüringer Wald AG die Zahlungseingänge zu überwachen. Für die säumigen Zahler fertigen Sie eine Tabelle an.

Der Möbelmarkt Steinmann KG erhielt die Rechnung Nr. 655 vom 10. September über 2.650,00 EUR. Als Zahlungsziel war der 10. Oktober angegeben.

Das Einrichtungshaus Schulze GmbH hat nach der Rechnung Nr. 852 vom 15. September 9.228,00 EUR zu zahlen. Der Zahlungstermin 30. Oktober ist inzwischen verstrichen.

Dem Möbelhaus Franke & Co. KG sandten Sie die Rechnung Nr. 928 vom 18. September zu. Für den Rechnungsbetrag von 7.985,50 EUR war als Zahlungstermin der 5. Oktober angegeben.

Erstellen Sie eine Tabelle mit aussagefähigen Informationen. Sortieren Sie die Tabelle nach Firmenbezeichnungen, Rechnungsdatum und Rechnungsbetrag.

Vorlagen für Geschäftsbriefe

- Bei den Vorlagen für Geschäftsbriefe mit einem Informationsblock wird zwischen zwei Formen unterschieden:

Benennung	Hochgestelltes Anschriftfeld Form A	Tiefgestelltes Anschriftfeld Form B
Briefkopf	2,7 cm	4,5 cm
Beginn Zusatz- und Vermerkzone	2,7 cm	4,5 cm

Beim Informationsblock gibt es zwei Formen: den Standardinformationsblock und den gestalteten Informationsblock.

Standardinformationsblock mit hochgestelltem Anschriftfeld (Form A)

Briefkopf 2,7 cm hoch

Euro-Computer AG

Zusatz- und Vermerkzone

Anschriftzone

Höhe des gesamten Anschriftfeldes: 4,5 cm
Breite des Anschriftfeldes: 8,5 cm

Beginn Informationsblock: 10 cm vom linken Rand
3,2 cm von der oberen Blattkante

Ihr Zeichen:
Ihre Nachricht vom:
Unser Zeichen:
Unsere Nachricht vom:

Name:
Telefon:
Telefax:
E-Mail:

Datum:

Gestalteter Informationsblock mit hochgestelltem Anschriftfeld (Form A)

Zusatz- und Vermerkzone

Anschriftzone

Höhe des gesamten Anschriftfeldes: 4,5 cm
Breite des Anschriftfeldes: 8,5 cm

Beginn Informationsblock: 10 cm vom linken Rand
3,2 cm von der oberen Blattkante

Ihr Sachbearbeiter:
Abteilung:

Telefon:
Telefax:
E-Mail:
Internet:

Datum:

- Für die Leitwörter des gestalteten Informationsblockes verwenden Sie eine kleinere Schriftgröße. Leitwörter dürfen Sie bei dieser Form des Informationsblockes ergänzen, weglassen oder verändern. Die Angaben gruppieren Sie durch Leerzeilen.

Geschäftsangaben

- In die Fußzeile der Vorlage setzen Sie im Allgemeinen die Angaben über die Geschäftsräume, die Nummern der Hauptanschlüsse aller Kommunikationsmittel und die Kontoverbindungen. In Briefvorlagen für Kapitalgesellschaften (Aktiengesellschaft, Gesellschaft mit beschränkter Haftung, Kommanditgesellschaft auf Aktien) müssen Sie die Firma so aufführen, wie Sie im Handelsregister eingetragen ist. Die Rechtsform, der Sitz der Gesellschaft, das Registergericht und die Handelsregisternummer sind aufzunehmen. Außerdem sind der Vorsitzende des Aufsichtsrates, die Namen des Vorstandes und aller Mitglieder des Vorstandes (bei der GmbH die Namen der Geschäftsführer) aufzuführen.

Anschriftfeld

- Das Feld ist 45 mm hoch. Rücksendeangabe und Zusatz- und Vermerkzone sind zu einer Zone zusammengefasst. Das Anschriftfeld besteht aus 11 Zeilen, die Zusatz- und Vermerkzone aus fünf Zeilen und die Anschriftzone aus sechs Zeilen. Die Zusatz- und Vermerkzone ist 17,7 mm hoch, während die Anschriftzone eine Höhe von 27,3 mm hat.
- Von der oberen Blattkante bis zur 1. Zeile der Zusatz- und Vermerkzone bleibt in Form A des Geschäftsbriefes ein Abstand von 27 mm. In Form B beträgt der Abstand 50 mm.

Personenschriften

- Die Rücksendeangabe (Postanschrift des Absenders) behandeln Sie wie die übrigen Zusätze und Vermerke, z. B. „Einschreiben Einwurf“ oder elektronische Frankiervermerke. Ist kein Zusatz oder Vermerk vorhanden, steht die Rücksendeangabe über der Anschriftzone. In der Zusatz- und Vermerkzone mit Rücksendeangabe verwenden Sie eine kleinere Schriftgröße.
- Die Anrede beginnt in der 1. Zeile der Anschriftzone. Darunter steht in der 2. Zeile der Name. Die Straßenbezeichnung steht im Allgemeinen in der 3. Zeile, während für die Postleitzahl und den Wohnort die 4. Zeile vorgesehen ist. Postleitzahlen schreiben Sie fünfstellig und ungegliedert.
- Berufs- oder Amtsbezeichnungen stehen hinter der Anrede. Akademische Grade wie Diplom- und Doktorgrade (z. B. *Dr.*, *Dipl.-Ing.*, *Dipl.-Kfm.*) stehen vor dem Namen. Bachelor- und Mastergrade werden in der Regel hinter dem Namen aufgeführt, z. B. *B. A.* (Bachelor of Arts), *B. Sc.* (Bachelor of Science), *M. A.* (Magister Artium).

Zeile		
5	•	•
4	•	•
3	•	•
2	•	•
1	Köhler-Versand GmbH, Postfach 15 37 26, 24103 Kiel	Köhler-Versand GmbH, Postfach 15 37 26, 24103 Kiel
1	Frau	Frau Geschäftsführerin
2	Katja Fischer	Dipl.-Kffr. Sabine Meyer
3	Elsa-Bauer-Weg 15	Otto-Hahn-Straße 23
4	22297 Hamburg	90453 Nürnberg
5	•	•
6	•	•

- Ortsteilnamen dürfen in einer besonderen Zeile oberhalb der Straßenbezeichnung oder des Postfaches stehen.
- In der Zustellangabe dürfen Sie zusätzlich den Gebäudeteil, das Stockwerk oder die Wohnungsnummer aufführen. Durch zwei Schrägstriche trennen Sie die Angaben voneinander ab. Davor und danach bleibt ein Leerzeichen.
- Ist der Empfänger nicht der Wohnungsinhaber, so ist der Name des Wohnungsinhabers unter den Namen des Empfängers zu setzen. Das gilt auch, wenn der Empfänger zu Besuch ist.
- Die Rücksendeangabe steht ohne Leerzeile über dem Zusatz, dem Vermerk oder über der Anschriftzone. Sie steht immer in der obersten Zeile. Sind mehrere Vermerke aufzunehmen, verwenden Sie von unten nach oben die Zeilen 1 bis 5.
- Die Amts- oder Ehrenbezeichnung „Prof.“ steht vor dem Namen oder dem akademischen Grad.

Zeile		
5	•	•
4	•	•
3	•	Hightech AG • 04275 Leipzig
2	Köhler-Versand GmbH, Postfach 15 37 26, 24103 Kiel	
1	Nicht nachsenden!	Einschreiben Einwurf
1	Frau	Herrn
2	Dr. Dagmar Schmidt	Prof. Dr. Thomas Schulze
3	Durlach	bei Hartmann
4	Gartenstraße 15 // W 25	Hardenbergstraße 26
5	76133 Karlsruhe	04275 Leipzig
6	•	•

Unternehmensanschriften

- Die Anordnung der Unternehmens- und Behördenanschriften entspricht der Gestaltung von Privatanschriften.
- Unternehmensanschriften beginnen wie die Privatanschriften in der 1. Zeile der Anschriftzone. Längere Firmenbezeichnungen verteilen Sie auf zwei Zeilen.
- Ist ein Postfach vorhanden, wird anstelle der Straßenbezeichnung das Postfach aufgeführt. Postfachnummern gliedern Sie durch Leerzeichen von rechts nach links in zweistellige Gruppen.
- Soll der Brief eine bestimmte Mitarbeiterin oder einen bestimmten Mitarbeiter erreichen, setzen Sie die Anrede mit dem Vor- und Zunamen unter die Firma.
- Große Unternehmen und Behörden haben oft eine eigene Postleitzahl. In einem solchen Fall führen Sie kein Postfach auf.

5	•	•
4	•	•
3	•	•
2	Huber GmbH, Postfach 89 67 22, 90459 Nürnberg	Vogel GmbH, Postfach 36 17 26, 50676 Köln
1	Einschreiben Einwurf	Nicht nachsenden!
1	Papierfabrik	Autohaus Brandenburg
2	Nordost GmbH	Niederlassung Potsdam
3	Frau Tanja Schulze	Herrn Dipl.-Kfm. Heinz Schmitt
4	16225 Eberswalde	Postfach 6 39 49
5	•	14471 Potsdam
6	•	•

- In Anschriften von Einzelunternehmen führen Sie hinter dem Namen den Zusatz *„e. K."* oder *„e. Kffr."* (eingetragene Kauffrau) bzw. *„e. K."* oder *„e. Kfm."* (eingetragener Kaufmann) auf.

5	•	•
4	•	Vogel GmbH, Postfach 36 17 26, 50676 Köln
3	•	
2	Brenner GmbH • Postfach 13 50 • 59494 Soest	Nicht nachsenden!
1	Einschreiben	Persönlich
1	Sport + Spiel GmbH	Sabine Bräuner e. K.
2	Frau Stefanie Schneider	Platanenweg 125
3	Postfach 55 89 34	50827 Köln
4	24937 Flensburg	•
5	•	•
6	•	•

Aufgabe

Verwenden Sie eine Rücksendeangabe Ihrer Wahl. Ordnen und gestalten Sie diese Anschriften normgerecht:

52064 Aachen – Frank Hausmann – Einschreiben Einwurf – Herrn – Beethovenstraße 20
Frau – 86163 Augsburg – Rechtsanwältin – Dr. Sonja Meister – Persönlich – Seefelder Straße 8
Regierungsrat – Warsteiner Straße 8 // W 12 – Herrn – Rainer Müller – 33647 Bielefeld
Curt-Böhme-Straße 10 – Frau – 07552 Gera – Dipl.-Kffr. – Friederike Schönborn
Fürstenwall 20 // 3. Stock – Nicht nachsenden! – Mark Schlosser – 39104 Magdeburg – Herrn
Berliner Straße 3 – Mit neuer Anschrift zurück! – 73728 Esslingen – Thomas Reuter e. K.
51645 Gummersbach – Bürobedarf Brinkmann – Einschreiben Einwurf – Frau Svenja Schmitz – Postfach 44 65 38
22767 Hamburg – Herrn Dipl.-Ing. Max Schreiber – Postfach 22 17 41 42 – Elektromarkt PLUS GmbH – Einschreiben –
76137 Karlsruhe – Postfach 5 19 01 – OPTIMA Versicherung AG – Frau Anna Schwarz M. A. –
Stadt Dresden – Postfach 25 25 02 – Hochbauamt – 01069 Dresden – Einschreiben Einwurf

Vorlage für den Standardinformationsblock mit hochgestelltem Anschriftfeld (Form A)

- Die Leitwörter des Informationsblockes stehen in einer Vorlage für den Geschäftsbrief rechts neben dem Anschriftfeld. Sie sind in einer Fluchtlinie untereinander aufzuführen und beginnen 10 cm vom linken Rand. Von der oberen Blattkante lassen Sie bei einer Vorlage mit hochgestelltem Anschriftfeld (Form A) einen Abstand von 3,2 cm und beim tiefgestellten Anschriftfeld (Form B) einen Abstand von 5 cm.
- Vor den Leitwörtern „Name" und „Datum" lassen Sie eine Leerzeile.
- In DIN 5008 (Schreib- und Gestaltungsregeln für die Text- und Informationsverarbeitung) ist festgelegt, wie die Vorlage des Geschäftsbriefes A4 zu beschriften ist. Die Anschrift, die Leitwörter des Informationsblockes und die Angaben haben die gleiche Schriftart und Schriftgröße wie der übrige Brief.
- Nach dem Doppelpunkt des jeweiligen Leitwortes lassen Sie bis zu den Angaben einen Abstand von einem Leerzeichen.
- Nach dem Datum lassen Sie einen Abstand von zwei Leerzeilen bis zum folgenden Betreff. Den Betreff dürfen Sie durch Fettschrift und/oder Farbe hervorheben. Bis zur folgenden Anrede bleiben ebenfalls zwei Leerzeilen.
- Der Betreff kann tiefer beginnen, wenn vertrauliche Daten versandt werden, die im Sichtfenster nicht gelesen werden sollen.

10 cm vom linken Rand – 3,2 cm von der oberen Blattkante

Ihr Zeichen: do
Ihre Nachricht: 20..-05-10
Unser Zeichen: ga
Unsere Nachricht:

Name: Katja Gansel
Telefon: 089 2950-115
Telefax: 089 2950-120
E-Mail: info@immo-winter-wvd.de
Internet: www.immo-winter-wvd.de

Datum: 20..-05-21

Autohaus Rhein-Main GmbH · Postf. 57 13 · 60325 Frankfurt
Immobilienservice
Winter & Schulz GmbH
Herrn Klaus Winter
Postfach 52 49 29
60325 Frankfurt am Main

Grundstück für ein Verkaufslager

Guten Tag Herr Winter,

Vorlage für den gestalteten Informationsblock mit hochgestelltem Anschriftfeld (Form A)

- Für die Leitwörter des gestalteten Informationsblockes verwenden Sie eine kleinere Schriftgröße. Die Angaben ordnen Sie in einer Fluchtlinie untereinander an. Sie haben die gleiche Schriftart und -größe wie der übrige Brief. Für die E Mail-Adresse und Internetadresse dürfen Sie eine kleinere Schriftgröße verwenden, mindestens jedoch 8 Punkt.

10 cm vom linken Rand – 3,2 cm von der oberen Blattkante

Ihr Sachbearbeiter: Thomas Berger
Abteilung: Verkauf

Telefon: 089 9950-112
Telefax: 089 9950-102
E-Mail: thomas.berger@euro-computer-wvd.com
Internet: www.euro-computer-wvd.com

Datum: 20..-05-15

GARTO AG · Postfach 45 99 22 · 30159 Hannover
Elektrotechnik
Hans Petermann OHG
Nelkenstraße 25
47800 Krefeld

Angebot über Rasenmäher

Sehr geehrte Damen und Herren,

Briefabschluss

- Nach dem Brieftext folgt der Briefabschluss. Er besteht aus dem Gruß, der Firma und der maschinenschriftlichen Wiederholung der Unterschrift. Zwischen der Firma und der Angabe des Unterzeichners stehen oft Zusätze wie *i. A.* (im Auftrag), *ppa.* (per Prokura) oder *i. V.* (in Vollmacht – bei Behörden: in Vertretung). Nicht alle Angaben müssen Sie in einem Briefabschluss aufführen.
- Verwenden Sie einen modernen Gruß (z. B. Freundliche Grüße). Die Wiederholung der Unterschrift sollte möglichst den Vor- und Zunamen enthalten, weil der Brief dadurch persönlicher wirkt.
- Zwischen Gruß und Wiederholung der Unterschrift oder zwischen der Firma und der Wiederholung der Unterschrift lassen Sie drei Leerzeilen. Zusätze stehen zwischen diesen Angaben. Sie dürfen Zusätze auch vor die Wiederholung der Unterschrift setzen.

Ihre weiteren Fragen beantworten wir gern.

Freundliche Grüße

Bernburger
Maschinenfabrik AG

i. A.

Petra Fröhlich

Anlagenvermerk

- Um beim Posteingang prüfen zu können, welche weiteren Schriftstücke dem Geschäftsbrief beigelegen haben, ist ein Anlagenvermerk zu schreiben. Dafür gibt es verschiedene Möglichkeiten.
- Der Anlagenvermerk steht nach einer Leerzeile unter dem Briefabschluss. Die Überschrift dürfen Sie durch Fettschrift hervorheben werden. Unter dem Wort „Anlage(n)" können Sie die Anlagen einzeln aufführen. Den Anlagenvermerk dürfen Sie auch in verkürzter Form schreiben.
- Reicht der Platz unter dem Briefabschluss nicht aus, setzen Sie den Anlagenvermerk in Höhe des Grußes – 10 cm vom linken Rand.

Sagt Ihnen unser Angebot zu? Wenn Sie weitere Fragen haben, dann rufen Sie uns an.

Freundliche Grüße

Bürocenter
Krämer & Co. OHG

i. A.

Karolin Menke

Anlagen
3 Druckschriften

Sagt Ihnen unser Angebot zu? Wenn Sie weitere Fragen haben, wenden Sie sich an uns.

10 cm vom linken Rand
Freundliche Grüße .... **3 Anlagen**

Bürocenter
Krämer & Co. OHG

i. A.

Claudia Schreiber

TARBA AG

Leitwörter des Informationsblocks
Mitarbeiterin: Katja Schmitz
Abteilung: Verwaltung

Telefon: 040 34622-238
Telefax: 040 34622-240
E-Mail: k.schmitz@tarba-wvd.com
Internet: www.tarba-wvd.com

Datum: 20..-07-27

TARBA AG · Postfach 7 29 02 · 21902 Hamburg
Büromöbelfabrik Anschrift des Empfängers
Westfalia AG
Postfach 33 44 66
44148 Dortmund

Mit der Anschrift beginnen Sie in der 1. Zeile der Anschriftzone.

Anfrage nach Registraturschränken Betreff

Der Betreff ist eine stichwortartige Inhaltsangabe für den Brief. Vor und nach dem Betreff lassen Sie im Allgemeinen zwei Leerzeilen. Danach folgt die Anrede.

Guten Tag, sehr geehrte Damen und Herren, Anrede

durch Ihre gelungene Internetpräsentation wurden wir auf Sie aufmerksam. In unserem Unternehmen sollen verschiedene Arbeitsabläufe rationeller gestaltet werden. Darum wollen wir auch unsere Registratur so verändern, dass verschiedene Registraturarten in den Schränken untergebracht werden können. Dazu können Sie uns sicher einen guten Vorschlag unterbreiten.

Bitte senden Sie uns ein

Angebot über 30 Registraturschränke

als Schrankwände mit Birnbaum-Furnier. Die Schränke müssen sowohl die laterale Ablage als auch die Hängeregistratur aufnehmen können.

Informieren Sie uns über Ihre Lieferzeit und Ihre Liefer- und Zahlungsbedingungen. Gewähren Sie bei einer Abnahme von 30 Stück auch einen Rabatt?

Sicher werden Sie uns ein attraktives Angebot unterbreiten.

Freundliche Grüße ← Gruß

TARBA AG ← Firma

i. A. ← Zusatz

Katja Schmitz ← Wiederholung der Unterschrift

Rand
Links: 2,5 cm
Rechts: 2 cm
Infoblock rechts: –1 cm

Der Briefabschluss besteht aus dem Gruß, der Firma, Zusätzen und der Wiederholung des Namens des Unterzeichners. Zwischen den Bestandteilen lassen Sie je eine Leerzeile. Sind Zusätze nicht vorhanden, lassen Sie nach der Firma mindestens drei Leerzeilen.

Geschäftsräume
Oldenburger Straße 35 – 37
22527 Hamburg

Telefon
040 34622-0

E-Mail
info@tarba-wvd.com

Hamburger Volksbank
IBAN: DE26 2019 0003 0005 3682 79
BIC: GENODEF1HH2

Vorsitzender des Aufsichtsrates: Dr. Georg Vogel · Vorstand: Dr. Thomas Franke · Sabine Schütz · Sitz der Gesellschaft Hamburg
Handelsregister B 45 395 beim Amtsgericht Hamburg

Der neue Katalog mit attraktiven Holzhäusern ist da

Empfängerin: Frau Studienrätin Dipl.-Hdl. Tanja Schöne, Schwalbenstraße 9, 19057 Schwerin

Mitarbeiterin:	Thomas Reißig	*Datum:*	aktuelles Datum
Abteilung:	Marketing	*Betreff:*	Der neue Katalog mit attraktiven Fertighäusern ist da
Telefon:	0461 15158-57	*Anrede:*	Guten Tag Frau Schöne,
Telefax:	0461 15158-58	*Briefabschluss:*	Freundliche Grüße aus Flensburg
E-Mail:	reissig@scandi-haeuser-wvd.com		SCANDI Holzhäuser GmbH
Internet:	www.scandi-haeuser-wvd.com		i. A. Thomas Reißig
		Anlage:	1 Katalog

heute erhalten Sie unseren neuen Katalog mit attraktiven Holzhäusern im skandinavischen Baustil. Sie finden viele bewährte Hausvorschläge, die wir Ihren Bedürfnissen anpassen können. Soll Ihr Haus breiter werden oder ein anderes Dach bekommen? Möchten Sie bodentiefe Elemente anstelle von Fenstern? Unsere erfahrenen Konstrukteure erstellen Ihnen nach Ihren Wünschen Ihr Traumhaus. Sehen Sie sich unser umfangreiches Angebot an Holzhäusern in aller Ruhe an und Sie werden feststellen, warum wir seit vielen Jahren Marktführer sind. Neben den qualitativen Vorzügen spricht für uns ein ausgewogenes Preis-Leistungs-Verhältnis. Sprechen Sie mit unserem Kundenberater. Er wird Sie auf dem Weg zu Ihrem neuen Zuhause begleiten und Ihnen wichtige Planungstipps geben. Selbstverständlich kommt er auch zu Ihnen nach Hause. Ein kostenloses Angebot arbeitet er Ihnen gern aus.

Informationen auf höchstem Niveau

Empfänger: Herrn Rechtsanwalt Dr. Egbert Kleine, Am Bruchtor 25, 38100 Braunschweig

Mitarbeiterin:	Julia Klingental	*Datum:*	aktuelles Datum
Abteilung:	Marketing	*Betreff:*	Informationen auf höchstem Niveau
Telefon:	0531 4729-35	*Anrede:*	Guten Tag Herr Dr. Kleine,
Telefax:	0461 4729-40	*Briefabschluss:*	Freundliche Grüße
E-Mail:	klingental@dzn-wvd.com		DZN Die Zeitung für den Norden
Internet:	www.dzn-wvd.com		i. A. Julia Klingental
		Anlage:	1 Gutschein

wie verläuft die wirtschaftliche Entwicklung? Welche Belastungen kommen auf die Bürger zu? Welche Planungen gibt es in Ihrer Stadt? Das sind wichtige Fragen unter vielen. Um bei diesen Themen kompetent mitreden zu können, sind Erfahrungen zwar hilfreich, können aber aktuelle Hintergrundberichte und fundierte Recherchen nicht ersetzen. Was letztlich zählt, ist die Qualität der Information. Die DZN setzt auf Qualität! Wir beschäftigen fachkompetente Journalisten und haben Zugang zu den modernsten Pressearchiven. So entsteht Journalismus auf höchstem Niveau. Das finden nicht nur wir, sondern auch die Experten, die im Auftrag der Internationalen Medienhilfe die Presse beurteilen. Dabei erhält die DZN die beste Beurteilung der Zeitungen im norddeutschen Raum. Von dieser Qualität können Sie sich überzeugen, indem Sie unsere Zeitung vier Wochen lang kostenlos beziehen. Nutzen Sie das Wissen aus erster Hand und vertrauen Sie unseren Informationen.

Moderner Briefstil

Wählen Sie Formulierungen, die den Empfänger ansprechen

Wer heute Kunden gewinnen will, muss sie umwerben. Das bedeutet, dass Sie Ihre Formulierungen so wählen, dass sich der Kunde angesprochen fühlt. Fassen Sie Ihre Geschäftsbriefe persönlich, freundlich, prägnant und informativ ab. Denken Sie daran, dass jeder Geschäftsbrief ein Werbebrief für Ihr Unternehmen ist. Eine nachhaltige Wirkung erzielen Sie beim Empfänger, wenn Sie ihn persönlich ansprechen. Wenn ein Unternehmen nur die eigenen Produkte anpreist und nur das Unternehmen herausstellt, ohne auf den Empfänger einzugehen, wird er sich nicht angesprochen fühlen. Wählen Sie aber empfängerbezogene Formulierungen, indem Sie den Empfänger persönlich mit „Sie" und „Ihnen" anreden, wird er sich mit dem Inhalt Ihres Briefes näher befassen und weiterlesen. Es ist psychologisch auch ungünstig, Sätze mit „wir" oder „unser" zu beginnen. Gerade in Werbebriefen ist es wichtig, beim Empfänger Interesse zu wecken. Der Einleitung Ihres Briefes kommt eine besondere Bedeutung zu. Bedenken Sie immer: Nicht Ihr Unternehmen steht im Vordergrund, sondern der Kunde. Verwenden Sie darum kundenorientierte Formulierungen.

Überzeugen Sie durch Argumente

Überzeugen Sie den Empfänger durch Argumente. Das übertriebene Anpreisen von Produkten führt oft nicht zum gewünschten Erfolg. Ist der Empfänger von den Vorzügen eines Artikels überzeugt, wird er ihn auch kaufen.

Versuchen Sie, Sympathien zu gewinnen

Formulieren Sie so, dass Sie Sympathien gewinnen. Mit unkomplizierten und persönlichen Briefen werden Sie sicher Pluspunkte sammeln. Einfache und verständliche Sätze machen es dem Empfänger leicht, Sie gleich zu verstehen. Oder schätzen Sie Briefe, die Sie mehrmals lesen müssen, um den Absender zu verstehen?

Formulieren Sie kurz und verständlich

Der Empfänger sollte Ihre Sätze gleich verstehen, ohne lange über den Inhalt nachdenken zu müssen. „Bandwurmsätze" sollten Sie vermeiden. Formulieren Sie nach Möglichkeit so, wie Sie sprechen. Vermeiden Sie in einem Satz mehrere Einschübe, weil der Satz dadurch unverständlich wird. Dazu dieses Beispiel: „Auf unser Schreiben, das wir Ihnen in der vergangenen Woche zugesandt haben und indem wir darum gebeten haben, uns sofort zu informieren, erhielten wir bisher keine Antwort." Besser klingt der Satz so: „Auf unser Schreiben haben Sie bisher noch nicht geantwortet. Wir baten Sie darum, uns sofort zu informieren."

Vermeiden Sie überflüssige Wörter

Drücken Sie sich knapp und präzise aus. Beschränken Sie sich auf das Wesentliche.

Verzichten Sie auf Nomen

Ein Geschäftsbrief mit vielen Nomen (Hauptwörtern) wirkt bürokratisch und schwerfällig. Ersetzen Sie die Nomen durch Verben, wirkt Ihr Briefstil gleich flüssiger. Die meisten Wörter mit der Nachsilbe „-ung" können Sie durch Verben ersetzen. Setzen Sie doch beispielsweise für „Beratung", „Mahnung" und „Prüfung" die Verben „beraten", „mahnen" und „prüfen" ein. So wirkt Ihr Brief lebendig und ist außerdem besser verständlich.

Vermeiden Sie Superlative

Sparen Sie in Geschäftsbriefen mit Übertreibungen. Den Superlativ sollten Sie nur verwenden, wenn Sie einen Gegenstand oder ein Wesen mit mehreren anderen vergleichen. Dem Superlativ eines Adjektivs geht das Wort „am" voraus (Beispiele: am größten, am besten). Dazu ein Beispiel: „Dieses Gerät ist von allen am besten, pries der Verkäufer das Fernsehgerät an." Beim Vergleich zweier Gegenstände oder Wesen reicht oft schon die 1. Steigerungsstufe (Komparativ) aus. Mit den Worten „Dieses Fernsehgerät ist erheblich besser als die Geräte anderer Mitbewerber, hob der Verkäufer die Qualität des Gerätes hervor."

Ersetzen Sie Modalverben durch Vollverben

Verzichten Sie auf die Modalverben „würde", „könnte" und „möchte". Dazu einige Beispiele: „Für Ihre Anfrage möchten wir uns bei Ihnen bedanken." - „Über eine positive Antwort würden wir uns freuen." Sagen Sie doch konkret: „Für Ihre Anfrage danken wir Ihnen." – Über eine positive Antwort freuen wir uns."

Gliedern Sie Ihren Geschäftsbrief

Gliedern Sie Ihren Geschäftsbrief in drei Teile. Beginnen Sie mit einer interessanten Einleitung, formulieren Sie den Hauptteil präzise und verständlich. Wählen Sie einen ansprechenden Schlusssatz.

Bauen Sie den Brief logisch auf

Bauen Sie Ihren Brief nach logischen Gesichtspunkten auf. Fassen Sie inhaltlich zusammengehörige Sätze in einem Absatz zusammen. Was zusammengehört, sollten Sie nicht auseinanderreißen. Das ist wichtig für das Verstehen eines Textes.

Erzeugen Sie eine gewisse Spannung

Versuchen Sie auch, eine gewisse Spannung aufzubauen. Um die Aufmerksamkeit zu erhöhen, sollten Sie ankündigen, dass etwas Wichtiges kommt. Dazu einige Beispiele: „Auch daran sollten Sie denken: ..." – „Was bedeutet das für Sie?" – „Das dürfte für Sie besonders interessant sein: ..."

Drücken Sie negative Inhalte positiv aus

Versuchen Sie, auch unangenehme Sachverhalte positiv darzustellen. Von einem freundlich verfassten Brief fühlen Sie sich angesprochen. Sie sind bereit, sich mit ihm zu befassen. Ein unfreundlich gehaltener Brief stößt den Empfänger ab. Versetzen Sie sich dabei in die Lage des Empfängers.

Beachten Sie den Satzbau

Je nachdem, wo ein Wort innerhalb des Satzes steht, wird es unterschiedlich betont. Die Aufmerksamkeit des Lesers ist auf den Satzanfang gerichtet. Darum ist es wichtig, dass Sie das Wort, das Sie betonen wollen, an den Satzanfang stellen. Dazu diese Beispiele: „Wir haben Sie schon mehrfach daran erinnert, uns frühzeitig zu informieren." „Schon mehrfach haben wir Sie daran erinnert, uns frühzeitig zu informieren."

Formulieren Sie auch Fragesätze

Wollen Sie Ihren Brief lebendiger gestalten, dann formulieren Sie nicht nur Aussagesätze, sondern auch Fragesätze. Verfolgen Sie mit Ihren Formulierungen ein bestimmtes Ziel, dann stellen Sie Fragen, die der Empfänger bejahen muss. Wenn der Empfänger einer Frage zustimmt, zeigt er Interesse und liest den Brief weiter. Ihre Formulierungen entscheiden über den Erfolg. Seien Sie darum bei Ihrer Wortwahl psychologisch geschickt.

Versetzen Sie sich in die Lage des Empfängers

Haben Sie den Brief vollständig verfasst, dann lesen Sie ihn noch einmal durch. Versetzen Sie sich dabei in die Lage des Empfängers. Fragen Sie sich, wie Sie als Empfänger des Briefes auf Ihre Formulierungen reagieren. Empfinden Sie Ihre Wortwahl negativ, sollten Sie den Brief noch einmal stilistisch überarbeiten.

Mit der Einleitung Interesse wecken

Absenderbezogene Einleitung	*Empfängerbezogene Einleitung*
Nachdem unser Modell „EXTRA" sehr guten Anklang gefunden hat, weisen wir Sie heute auf unser neues Komfortmobil hin.	Mit der Wahl Ihres Automobils „EXTRA" haben Sie bewiesen, dass Sie gehobene Ansprüche an Technik und Fahrkultur stellen. Heute erfahren Sie Details über unser neues Komfortmobil.
Unser Unternehmen ist führend in der Unternehmensberatung. Wir können Ihnen sagen, wie Sie die Effizienz Ihrer Verwaltung steigern können, um ein Drittel der Verwaltungskosten zu senken.	Sie suchen nach neuen Wegen, um die Effizienz Ihrer Verwaltung zu steigern? Dann sind Sie bei uns richtig. Unsere Unternehmensberater entwickeln Ihnen Konzepte, wie Sie die Verwaltungskosten um mehr als ein Drittel senken können.
Wir danken Ihnen für Ihre Anfrage.	Sie wünschen in Ihrer Anfrage ein günstiges Angebot über Personalcomputer. Für Sie haben wir den richtigen PC: ...

Formulieren Sie klare und verständliche Sätze

Umständlich formuliert	*Klar und verständlich formuliert*
Vielen Dank für das uns entgegengebrachte Vertrauen	Für Ihr Vertrauen danken wir Ihnen.
Mit unserem heutigen Schreiben bieten wir Ihnen unseren neuen Schonkaffee an.	Versuchen Sie es doch einmal mit unserem Schonkaffee.
Eine Probebestellung wird Ihnen die gewohnte Güte unserer Waren bestätigen.	Überzeugen Sie sich durch eine Probebestellung von der Qualität unserer Erzeugnisse.
Für weitere Fragen stehen wir gern zur Verfügung.	Ihre weiteren Fragen beantworten wir gern.

Vermeiden Sie überflüssige Wörter – Ersetzen Sie Substantive durch Verben

Verwenden von Substantiven	*Verwenden von Verben*
Ihrer Überweisung sehen wir bis zum 15. d. M. entgegen.	Überweisen Sie den Betrag bis zum 15. d. M.
Wir hoffen sehr, dass unser Angebot Ihren Vorstellungen entspricht und stehen zur Beratung gern zur Verfügung.	Sagt Ihnen unser Angebot zu? Wenn Sie weitere Informationen wünschen, beraten wir Sie gern.
In der Hoffnung, Ihnen mit diesen Angaben gedient zu haben, verbleiben wir ...	Helfen Ihnen unsere Informationen weiter? Ihre weiteren Fragen beantworten wir gern.

Stellen Sie den Empfänger in den Mittelpunkt

Absenderbezogen	*Empfängerbezogen*
Wir haben die Unterlagen erhalten. Besten Dank.	Sie sandten uns Ihre Unterlagen zu. Dafür danken wir Ihnen.
Unser Laserdrucker LDX erfreut sich überall größter Beliebtheit. Die Druckleistung ist hervorragend.	Versuchen Sie es einmal mit unserem Laserdrucker LDX. Die hervorragende Druckleistung wird Sie sicher beeindrucken.
Unser Büro ist jetzt nur noch von 09:00 Uhr bis 12:00 Uhr geöffnet.	Für Sie ist unser Büro täglich von 09:00 Uhr bis 12:00 Uhr geöffnet.

Drücken Sie negative Inhalte positiv aus – Versetzen Sie sich in die Lage des Empfängers

Negativ formuliert	*Positiv formuliert*
Wir baten Sie, uns unverzüglich die Abrechnung zu übersenden. Leider sind Sie dieser Aufforderung bisher nicht nachgekommen.	Durch Ihre vielfältige Arbeit haben Sie sicher noch nicht die Zeit gefunden, uns Ihre Abrechnung zu übersenden.
Auf unser Schreiben haben Sie bisher nicht reagiert. Wir verstehen den Grund dafür nicht.	Sicher haben Sie wichtige Arbeiten davon abgehalten, unser Schreiben zu beantworten.
Fehler dieser Art haben wir schon zum dritten Male feststellen müssen. Künftig sind wir nicht mehr an einer Zusammenarbeit interessiert.	Mit Ihrer Lieferung waren wir auch diesmal nicht zufrieden. Wenn Sie uns künftig nicht sorgfältiger beliefern, müssen wir uns nach einem anderen Lieferer umsehen.

Die Anfrage

In der Anfrage bittet der Kunde den Lieferer um ein Angebot. Die Anfrage ist völlig unverbindlich und ohne rechtliche Wirkung. Zwischen einer allgemeinen und bestimmten Anfrage ist zu unterscheiden.

Allgemeine Anfrage

Wünscht der Kunde z. B. Kataloge, Preislisten, Muster oder den Besuch eines Vertreters, handelt es sich um eine allgemeine Anfrage.

Bestimmte Anfrage

In der bestimmten Anfrage sind genaue Einzelheiten über die gewünschte Ware, die Menge, die Qualität, die Preise, die Liefer- und Zahlungsbedingungen aufzuführen.

Inhalt einer bestimmten Anfrage

- Beginnen Sie mit Hinweisen auf die Informationsquelle. Haben Sie die Anschrift des Lieferers aus einer Fachzeitschrift, der Tageszeitung, aus dem Internet oder von Geschäftsfreunden erfahren?
- Sind Sie bereits Kunde, führen Sie den Grund Ihrer Anfrage an. Wenn es sich um eine erste Anfrage handelt, stellen Sie Ihr Unternehmen kurz vor.
- Bei einer bestimmten Anfrage müssen Sie die Ware nach Güte, Beschaffenheit, Menge usw. genau beschreiben.
- Erfragen Sie die Preise sowie die Liefer- und Zahlungsbedingungen. Suggerieren Sie, dass Sie ein günstiges Angebot erwarten.

Das Angebot

Das Angebot ist die Willenserklärung des Anbieters, Waren zu bestimmten Bedingungen an den Interessenten zu verkaufen. Das Angebot ist sorgfältig abzufassen, denn durch die Annahme des Angebotes, in der Regel ist das eine Bestellung, entsteht der Kaufvertrag.

Arten des Angebots nach der kaufmännischen Wirkung

- **Das verlangte Angebot.** Dem Angebot geht eine Anfrage voraus.
- **Das wiederholte Angebot.** Wenn auf ein Angebot keine Bestellung eingeht, erinnert der Anbieter noch einmal an sein Angebot.
- **Das unverlangte Angebot.** Unverlangte Angebote, vielfach Sonderangebote, erreichen den Empfänger oft in Werbebriefen.

Arten des Angebots nach der rechtlichen Wirkung

Nach der rechtlichen Wirkung müssen drei Arten von Angeboten unterschieden werden: In dem **bindenden Angebot** sind Art der Ware, Menge, Qualität sowie Liefer- und Zahlungsbedingungen aufgeführt. Das **unverbindliche Angebot** enthält Einschränkungen, z. B. freibleibend, solange der Vorrat reicht. Das **befristete Angebot** nennt einen Termin, bis zu dem das Angebot gilt.

Inhalt eines bindenden Angebotes

- Bedanken Sie sich bei einem verlangten Angebot für die Anfrage.
- Wählen Sie bei einem unverlangten Angebot die Einleitung so, dass sich der Leser angesprochen fühlt.
- Beschreiben Sie die Art der Ware, die Qualität, die Menge, die Lieferzeit, die Liefer- und Zahlungsbedingungen.
- Nennen Sie den Preis.
- Sichern Sie zu, dass Sie den Auftrag sorgfältig und pünktlich ausführen.
- Wählen Sie einen ansprechenden Schlusssatz.

31 Geschäftsbrief mit gestaltetem Informationsblock

Bei der Büromöbelfabrik Westfalia AG trifft diese Anfrage ein.

EURO-Computer AG

Für Sie zuständig: Vera Schinkel
Abteilung: Verwaltung

Telefon: 040 346-121
Telefax: 040 346-150
E-Mail: schinkel@euro-computer-wvd.com
Internet: www.euro-computer-wvd.com

Datum: 20..-02-27

EURO-Computer AG · Postfach 4 58 02 · 21902 Hamburg
Büromöbelfabrik
Westfalia AG
Postfach 33 44 66
44148 Dortmund

Anfrage nach Registraturschränken

Guten Tag, sehr geehrte Damen und Herren,

im Internet lasen wir, dass Sie Registraturschränke liefern. In unserem Unternehmen sollen verschiedene Arbeitsabläufe rationeller gestaltet werden. Darum wollen wir auch unsere Registratur so verändern, dass verschiedene Registraturarten in den Schränken untergebracht werden können. Sie können uns dabei sicher gut beraten.

Bitte unterbreiten Sie uns ein

Angebot über 30 Registraturschränke, Artikelnummer R 205,

in Form von Schrankwänden mit Birnbaum-Furnier in einer Breite von 320 cm. In der Höhe und Tiefe haben wir keine besonderen Wünsche. Die Schränke müssen sowohl die laterale Ablage als auch die Hängeregistratur aufnehmen können.

Informieren Sie uns über Ihre Lieferzeit und Ihre Liefer- und Zahlungsbedingungen. Gewähren Sie bei einer Abnahme von 30 Stück auch einen Rabatt?

Sicher werden Sie uns ein attraktives Angebot unterbreiten.

Freundliche Grüße

EURO-Computer AG

i. A.

Vera Schinkel

Geschäftsräume
Oldenburger Straße 35–37
22527 Hamburg

Telefon
040 346-0

E-Mail
info@eurocomputer-wvd.com

Hamburger Volksbank
IBAN: DE26 2019 0003 0005 2363 79
BIC: GENODEF1HH2

Vorsitzender des Aufsichtsrates: Dr. Heinz Mai · Vorstandsvorsitzender: Dr. Frank Weiß · Vorstand: Eva Neumann · Sitz der Gesellschaft Hamburg
Handelsregister B 535 356 beim Amtsgericht Hamburg

Auf die Anfrage der Euro-Computer AG unterbreitet die Möbelfabrik Westfalia AG dieses Angebot:

Büromöbelfabrik Westfalia AG

Für Sie zuständig: Katja Schöne
Abteilung: Verkauf

Telefon: 0231 435-138
Telefax: 0231 435-140
E-Mail: schoene@westfalia-wvd.com
Internet: www.westfalia-wvd.com

Datum: 20..-03-04

Büromöbelfabrik Westfalia AG · Postfach 33 44 66 · 44148 Dortmund

EURO-Computer AG
Frau Vera Schinkel
Postfach 4 58 02
21902 Hamburg

Angebot über Registraturschränke

Guten Tag Frau Schinkel,

Sie wünschen in Ihrer Anfrage ein Angebot über Registraturschränke. Der Registraturschrank Nr. 205 eignet sich speziell für Ihre Zwecke, denn er lässt sich für verschiedene Registraturarten verwenden.

Den **Registraturschrank Nr. 205** in einer Breite von 320 cm mit Birnbaumfurnier bieten wir Ihnen zum Einzelpreis von

1.298,00 €

an. In dem Schrank können Sie sowohl die laterale Registratur als auch eine Hängeregistratur unterbringen. Eine genaue Beschreibung des Artikels finden Sie in unserem Prospekt.

Die Ware liefern wir Ihnen mit unserem Lkw frei Haus. Begleichen Sie die Rechnung innerhalb 8 Tagen, können Sie 2 % Skonto vom Rechnungsbetrag abziehen. Bei einer Abnahme von 10 Stück gewähren wir Ihnen einen Rabatt von 9 %.

Sagt Ihnen unser Angebot zu? Wenn Sie weitere Informationen wünschen, dann rufen Sie uns an.

Freundliche Grüße

Büromöbelfabrik Westfalia AG

i. A.

Katja Schöne

Anlage
1 Prospekt

Geschäftsräume	Telefon	E-Mail	Sparkasse Dortmund
Behringstraße 255	0231 435-0	info@westfalia-wvd.com	IBAN: DE42 4405 0199 0003 4672 16
44225 Dortmund			BIC: DORTDE33XXX

Vorsitzender des Aufsichtsrates: Dr. Walter Vogel · Vorsitzender des Vorstandes: Dr. Heinz Krause · Vorstand: Eva Schulze · Sitz der Gesellschaft Dortmund
Handelsregister B 24 535 beim Amtsgericht Dortmund

Lernsituationen

Allgemeine Anfrage

Als Mitarbeiter(in) des SB-Möbelmarktes Kleinmann KG richten Sie eine allgemeine Anfrage an das Möbelwerk OPTIMA GmbH, Postfach 2 35 18, 37073 Göttingen. Durch die Internetpräsentation wurden Sie auf das Unternehmen aufmerksam.

Fordern Sie einen Katalog über Polstermöbel und Preislisten an. Bitten Sie um Angabe der Liefer- und Zahlungsbedingungen.

Bestimmte Anfrage

Als Mitarbeiter(in) des SB-Möbelmarktes Kleinmann KG richten Sie eine bestimmte Anfrage nach Schlafsofas an die Möbelfabrik Großmann & Söhne GmbH, Postfach 55 44 33, 33602 Bielefeld. Durch die Anzeige in der Fachzeitschrift „Der Möbelmarkt" wurden Sie auf das Unternehmen aufmerksam. Da es sich um die erste Anfrage handelt, stellen Sie Ihr Unternehmen vor. Der SB-Möbelmarkt in der Stadtmitte von Hannover besteht seit 1985. Die Umsätze haben sich ständig erhöht. Mit 43 Mitarbeiterinnen und Mitarbeitern erzielte das Geschäft im vergangenen Jahr einen Umsatz von 52 Mio. €. Auf einer Verkaufsfläche von 2000 m² bieten Sie erstklassige Wohnmöbel an.

Sie wünschen ein Angebot über qualitativ hochwertige und preisgünstige Schlafsofas in diesen Maßen: 200 cm Breite, 98 cm Höhe, 100 cm Tiefe und einer Liegefläche von 150 x 200 cm. Die Sofas sollen über einen ausziehbaren Bettkasten und dreistufig verstellbare Armlehnen verfügen. Der Bezug soll aus Büffelleder sein.

Verlangtes – bindendes Angebot

Als Sachbearbeiter(in) des Unternehmens Büroorganisation Kampmann GmbH beantworten Sie eine Anfrage der EUROP Gesellschaft GmbH, Postfach 35 68 49, 44135 Dortmund, vom 27. April d. J.

Bieten Sie der EUROP Gesellschaft GmbH 10 Schreibtische, Marke „Tradition", an. Der Integralschreibtisch kann als Konferenz- oder Arbeitstisch verwendet werden. Der Tisch ist in der Höhe von 660 bis 740 mm verstellbar. Für die Arbeit am Computer sind horizontale und vertikale Kabelkanäle integriert. Am linken Seitenteil des Tisches ist eine Druckerhalterung angebracht. Eine variable PC-Gehäusehalterung ist am rechten Seitenteil des Tisches vorhanden. Der Tisch ist in verschiedenen Farben lieferbar. Fügen Sie dem Angebot einen Prospekt bei.

Die Tische können innerhalb von 10 Tagen geliefert werden. Kosten für die Lieferung entstehen nicht. Der Einzelpreis beträgt 930,00 €. Bei einer Abnahme von 10 Stück ist ein Rabatt von 8 % möglich. Bei Zahlung innerhalb 8 Tagen gewähren Sie 2 % Skonto.

Verlangtes – befristetes Angebot

Als Mitarbeiter(in) des Unternehmens Büroorganisation Kampmann GmbH unterbreiten Sie dem Ingenieurbüro Elmar Götte, Postfach 25 93 53, 44144 Dortmund, auf die Anfrage vom 10. Mai d. J. ein Angebot über Computer.

Bieten Sie den Computer BX 3536 zum Einzelpreis von 599,00 € an. Der Prozessor verfügt über einen Pentium-Prozessor, einen RAM-Speicher mit einer Speicherkapazität von 4096 MB und eine Festplatte mit einer Speicherkapazität von 800 GB. Weisen Sie darauf hin, dass Sie Angebote über Bildschirme und geeignete Drucker vorlegen können.

Die Computer können Sie sofort liefern. Kosten für die Lieferung entstehen nicht. Bei einem Rechnungsausgleich innerhalb 8 Tagen gewähren Sie 2 % Skonto. Weil eine neue Preisliste herauskommt, befristen Sie das Angebot bis zum 30. Mai d. J.

Die Bestellung

Der Bestellung geht oft ein Angebot voraus. Der Besteller bezieht sich dann auf dieses Angebot. Die Bestellung kann aber auch nach einem Prospekt, einem Katalog oder einer Preisliste aufgegeben werden. Hat der Käufer bereits Artikel bezogen, bezieht er sich bei späteren Bestellungen auf die frühere Bestellung. Der Käufer kann seine Waren schriftlich, telefonisch oder mündlich bestellen. Mündliche oder telefonische Bestellungen sollten schriftlich bestätigt werden.

Rechtliche Bedeutung

Ein Kaufvertrag kommt durch ein Angebot und dessen Annahme zustande. Rechtlich gesehen ist die Bestellung die Willenserklärung des Käufers, die Ware zu den angegebenen Bedingungen zu kaufen. Wird die Bestellung nach einem verbindlichen Angebot erteilt, ist der Kaufvertrag geschlossen.

Inhalt

- Danken Sie für das Angebot.
- Beschreiben Sie die Ware, die Sie bestellen, nach Art, Menge, Güte, Größe, Gewicht, Farbe usw.
- Wiederholen Sie den Preis des Angebotes.
- Geben Sie den Liefertermin und die Lieferbedingungen an.
- Führen Sie die vereinbarten Zahlungsbedingungen auf.
- Erläutern Sie etwaige Sondervereinbarungen.

Der Lieferverzug

Mit dem Abschluss des Kaufvertrages verpflichtet sich der Verkäufer, die bestellte Ware innerhalb einer bestimmten Frist und an einem bestimmten Ort dem Käufer zu übergeben. Kommt er dieser Verpflichtung nicht nach, gerät er in Lieferverzug.

Für den Lieferverzug müssen diese Voraussetzungen gegeben sein:

- Die Lieferung muss fällig sein.
- Ist der Liefertermin nicht genannt, muss der Käufer den Lieferer gemahnt haben.

Im Falle des Lieferverzuges kann der Käufer vom Kaufvertrag zurücktreten. Er kann die Erfüllung des Kaufvertrages verlangen und Schadenersatz wegen verspäteter Lieferung fordern. Verzichtet der Lieferer auf die Lieferung, kann er ebenfalls Schadenersatz wegen Nichterfüllung des Kaufvertrages beanspruchen.

Inhalt

- Weisen Sie auf die Bestellung hin.
- Verweisen Sie auf die nicht eingehaltene Lieferfrist.
- Erwähnen Sie Nachteile, die aus einer Nichterfüllung des Kaufvertrages entstehen können.
- Setzen Sie dem Lieferer eine Nachfrist.
- Führen Sie mögliche Konsequenzen auf, z. B. Rücktritt vom Kaufvertrag oder Schadenersatzforderungen.

Die Euro-Computer AG bestellt bei der Büromöbelfabrik Westfalia AG den Registraturschrank R 205.

EURO-Computer AG

Für Sie zuständig: Vera Schinkel
Abteilung: Verwaltung

Telefon: 040 346-121
Telefax: 040 346-150
E-Mail: schinkel@euro-computer-wvd.com
Internet: www.euro-computer-wvd.com

Datum: 20..-03-07

EURO-Computer AG · Postfach 4 58 02 · 21902 Hamburg
Büromöbelfabrik
Westfalia AG
Postfach 33 44 66
44148 Dortmund

Bestellung des Registraturschrankes R 205

Guten Tag Frau Schöne,

Ihr Angebot entspricht unseren Vorstellungen. Bitte liefern Sie uns den

Registraturschrank R 205

zum Einzelpreis von **1.298,00 €**. Bei einer Abnahme von 10 Schränken gewähren Sie einen Rabatt von 9 %.

Mit Ihren Liefer- und Zahlungsbedingungen sind wir einverstanden. Informieren Sie uns bitte, wenn Sie uns nicht rechtzeitig beliefern können.

Freundliche Grüße

EURO-Computer AG

i. A.

Vera Schinkel

Geschäftsräume
Oldenburger Straße 35 – 37
22527 Hamburg

Telefon
040 346-0

E-Mail
info@euro-computer-wvd.com
BIC: GENODEF1HH2

Hamburger Volksbank
IBAN: DE26 2019 0003 0005 2363 79

Vorsitzender des Aufsichtsrates: Dr. Heinz Mai · Vorstandsvorsitzender: Dr. Frank Weiß · Vorstand: Eva Neumann · Sitz der Gesellschaft Hamburg
Handelsregister B 535 356 beim Amtsgericht Hamburg

Die bestellten Registraturschränke trafen nicht rechtzeitig bei der EURO-Computer AG ein.

EURO-Computer AG

Für Sie zuständig: Vera Schinkel
Abteilung: Verwaltung

Telefon: 040 346-121
Telefax: 040 346-150
E-Mail: schinkel@euro-computer-wvd.com
Internet: www.euro-computer-wvd.com

Datum: 20..-03-25

EURO-Computer AG · Postfach 4 58 02 · 21902 Hamburg

Büromöbelfabrik
Westfalia AG
Frau Katja Schöne
Postfach 33 44 66
44148 Dortmund

Lieferung der Registraturschränke R 205

Guten Tag Frau Schöne,

auf Ihr Angebot bestellten wir 10 Registraturschränke R 205. Den Auftrag erteilten wir Ihnen, weil Sie eine Lieferung innerhalb 8 Tagen zusagten. Inzwischen sind 10 Tage vergangen, ohne dass die Sendung bei uns eintraf.

Wenn Sie uns nicht spätestens in **zwei Wochen** beliefern, treten wir vom Kaufvertrag zurück. Sicher werden Sie aber alles versuchen, diese Nachfrist einzuhalten.

Freundliche Grüße

EURO-Computer AG

i. A.

Vera Schinkel

Geschäftsräume
Oldenburger Straße 35 – 37
22527 Hamburg

Telefon
040 346-0

E-Mail
info@euro-computer-wvd.com

Hamburger Volksbank
IBAN: DE26 2019 0003 0005 2363 79
BIC: GENODEF1HH2

Vorsitzender des Aufsichtsrates: Dr. Heinz Mai · Vorstandsvorsitzender: Dr. Frank Weiß · Vorstand: Eva Neumann · Sitz der Gesellschaft Hamburg
Handelsregister B 535 356 beim Amtsgericht Hamburg

Lernsituationen

Bestellung von DVD-Camcordern

Sie sind Mitarbeiter(in) des Elektronikhauses MEDIA GmbH. Auf das Angebot der Sonic Elektronik AG, Postfach 6 12 12, 38640 Goslar, bestellen Sie 100 DVD-Camcorder DCR-HC 250 zum Preis von 998,00 € je Stück, abzüglich des Rabattes von 8 %.

Mit den Liefer- und Zahlungsbedingungen sind Sie einverstanden. Sie wünschen eine Lieferung bis zum 25. d. M.

Lieferung von DVD-Camcordern

Als Mitarbeiter(in) des Elektronikhauses MEDIA GmbH bestellten Sie bei der Sonic Elektronik AG, Postfach 6 12 12, 38640 Goslar, 100 DVD-Camcorder DCR-HC 250. Die Lieferung wünschten Sie bis zum 25. v. M. Obwohl 10 Tage verstrichen sind, traf die Sendung immer noch nicht bei Ihnen ein.

Setzen Sie dem Lieferer eine Nachfrist von zwei Wochen. Kündigen Sie an, vom Kaufvertrag zurückzutreten, wenn die Nachfrist nicht eingehalten wird.

Bestellung von Beistellschränken

Als Sachbearbeiter(in) des Unternehmens Büro und Fortschritt GmbH haben Sie das Angebot der Büromöbelfabrik Westfalia AG, Postfach 13 28 77, 44150 Dortmund, über Beistellschränke geprüft. Das Angebot sagt Ihnen zu.

Sie bestellen fünf Beistellschränke, Marke „Solid“, zum Einzelpreis von 879,00 € mit einem Rabatt von 10 %.

Die Lieferung soll innerhalb 10 Tagen frei Haus erfolgen. Mit den Zahlungsbedingungen sind Sie einverstanden.

Lieferung von Beistellschränken

Als Sachbearbeiter(in) des Unternehmens Büro und Fortschritt GmbH bestellten Sie bei der Büromöbelfabrik Westfalia AG, Postfach 13 28 77, 44150 Dortmund, fünf Beistellschränke. In der Bestellung wünschten Sie die Lieferung innerhalb 10 Tagen. Nach Ablauf dieser Lieferfrist sind fünf Tage vergangen. Die Lieferung traf aber noch nicht ein.

Setzen Sie dem Lieferer eine Nachfrist von 10 Tagen. Falls Sie nicht innerhalb dieser Frist beliefert werden, kündigen Sie den Rücktritt vom Kaufvertrag an.

Lieferung von Computern

Als Sachbearbeiter(in) des Baustoffgroßhandels Weber & Krause KG bestellten Sie bei dem Unternehmen Bürosysteme Winkelmann & Co. OHG, Postfach 1 83 45, 90459 Nürnberg, 10 Computer mit einem Mikroprozessor von 2 GHz. In der Bestellung wünschten Sie die Lieferung innerhalb 10 Tagen. Nach Ablauf dieser Lieferfrist sind fünf Tage vergangen. Die Lieferung traf aber noch nicht ein.

Setzen Sie dem Lieferer eine Nachfrist von 10 Tagen. Falls Sie nicht innerhalb dieser Frist beliefert werden, kündigen Sie den Rücktritt vom Kaufvertrag an.

Die verspätete Lieferung von Computern wird begründet

Als Sachbearbeiter(in) der Bürosysteme Winkelmann & Co. OHG entschuldigen Sie sich bei dem Baustoffgroßhandel Weber & Krause KG, Postfach 4 78, 83022 Rosenheim, dafür, dass Sie die Lieferfrist von 10 Tagen nicht eingehalten haben. Als Grund führen Sie die verstärkte Nachfrage an.

Sagen Sie zu, die Computer bis zum 20. d. M. zu liefern.

Die Gewährleistung beim zweiseitigen Handelskauf

Der Verkäufer ist verpflichtet, die Ware mangelfrei zu liefern. Der Käufer hat die gelieferte Ware auf ihre Beschaffenheit zu prüfen.

Diese Mängel können auftreten:

Wenn die gelieferte Ware beschädigt oder verdorben ist, handelt es sich um einen Sachmangel. Das ist auch der Fall, wenn ihr zugesicherte Eigenschaften fehlen oder sie sich nicht für die vorgesehene Verwendung eignet. Wurde die falsche Ware geliefert, steht dieser Mangel einem Sachmangel gleich. Lieferte der Verkäufer eine zu geringe oder zu hohe Menge, entspricht dieser Mangel ebenfalls einem Sachmangel. Stellt der Kaufmann Mängel an der Ware fest, so muss er diese dem Lieferer unverzüglich mitteilen.

Rechtliche Bedeutung

Aus einer Mängelrüge kann der Käufer diese Rechte geltend machen:

- **Nacherfüllung.** Der Käufer kann als Nacherfüllung seiner Wahl die Beseitigung des Mangels oder die Lieferung einer mangelfreien Sache verlangen.
- **Rücktritt vom Kaufvertrag.** Nach Ablauf einer Frist zur Nacherfüllung kann der Käufer vom Kaufvertrag zurücktreten.
- **Minderung.** Ebenfalls nach Ablauf einer Frist kann der Käufer Gewährleistungsrechte der Minderung geltend machen, indem er einen Preisnachlass fordert.
- **Schadenersatz.** Bei Mängeln, die der Verkäufer verschuldet hat, kann der Käufer neben der Nacherfüllung auch Schadenersatz verlangen, sofern ihm ein nachweisbarer Schaden entstanden ist.

Inhalt des Beanstandungsschreibens

- Bestätigen Sie den Empfang der Sendung.
- Beschreiben Sie den Mangel so genau wie möglich.
- Unterbreiten Sie Vorschläge, wie der Mangel behoben werden kann.
- Fordern Sie den Lieferer auf, sich zu äußern.

Der Zahlungsverzug

Der Lieferer muss darauf achten, dass seine Forderungen rechtzeitig beglichen werden. Wenn der Zahlungstermin oder eine Zahlungsfrist bei Vertragsabschluss festgelegt war, gerät der Schuldner nach Ablauf des Zahlungstermins oder der Zahlungsfrist in Verzug. Der Schuldner kommt spätestens in Verzug, wenn er nicht innerhalb von 30 Tagen nach Fälligkeit und Zugang einer Rechnung zahlt. Einer Mahnung bedarf es nicht, wenn der Zahlungstermin oder eine Zahlungsfrist vorher festgelegt war.

Mahnschreiben

- Die **erste Mahnung** sollten Sie freundlich abfassen. Sie sollten an die Zahlung erinnern und auf den Fälligkeitstag hinweisen. Erwähnen Sie die Zahlungsverpflichtungen Ihres Unternehmens, kann dies eine positive Reaktion hervorrufen, indem der Schuldner die Rechnung begleicht. Dieses Schreiben sollte eine Aufforderung zum schnellen Rechnungsausgleich enthalten. Dem ersten Mahnschreiben werden oft aktuelle Informationen über Sonderangebote beigefügt.
- Die **zweite Mahnung** sollten Sie in einem schärferen Ton abfassen. Sie sollten sich auf den verstrichenen Zahlungstermin beziehen und eine neue Zahlungsfrist setzen. Sie kündigen an, Verzugszinsen und Mahnkosten zu berechnen.
- In der **dritten Mahnung** setzen Sie eine letzte Frist zur Zahlung. Auf die bisherigen Mahnungen weisen Sie hin. Ein gerichtliches Mahnverfahren drohen Sie für den Fall an, dass die Rechnung nicht beglichen wird.

Inhalt eines Mahnschreibens

- Erinnern Sie an die Fälligkeit des Rechnungsbetrages.
- Nennen Sie einen neuen Zahlungstermin.
- Weisen Sie auf eigene Zahlungsverpflichtungen hin.
- Bitten Sie um eine schnelle Überweisung des fälligen Betrages.
- Kündigen Sie in der zweiten Mahnung an, Verzugszinsen und Mahnkosten zu berechnen.
- Drohen Sie in der dritten Mahnung ein gerichtliches Mahnverfahren an.

Die bestellten Registraturschränke trafen in der Nachfrist bei der EURO-Computer AG ein. Drei der gelieferten Schränke weisen Lackschäden auf.

EURO-Computer AG

Für Sie zuständig: Vera Schinkel
Abteilung: Verwaltung

Telefon: 040 346-121
Telefax: 040 346-150
E-Mail: schinkel@euro-computer-wvd.com
Internet: www.euro-computer-wvd.com

Datum: 20..-04-10

EURO-Computer AG · Postfach 4 58 02 · 21902 Hamburg
Büromöbelfabrik
Westfalia AG
Frau Katja Schöne
Postfach 33 44 66
44148 Dortmund

Beanstandung der gelieferten Registraturschränke R 205

Guten Tag Frau Schöne,

Ihre Lieferung traf am 8. April d. J. bei uns ein. Alle 10 Registraturschränke prüften wir auf ihren einwandfreien Zustand.

Drei Registraturschränke haben an der rechten Seite längere Kratzer. Dadurch können wir diese Schränke in unseren Büroräumen nicht aufstellen.

Wenn Sie uns einen Preisnachlass von 150,00 € je Schrank einräumen, sind wir bereit, die Schränke zu behalten.

Wie denken Sie über unseren Vorschlag?

Freundliche Grüße

EURO-Computer AG

i. A.

Vera Schinkel

Geschäftsräume
Oldenburger Straße 35 – 37
22527 Hamburg

Telefon
040 346-0

E-Mail
info@euro-computer-wvd.com

Hamburger Volksbank
IBAN: DE26 2019 0003 0005 2363 79
BIC: GENODEF1HH2

Vorsitzender des Aufsichtsrates: Dr. Heinz Mai · Vorstandsvorsitzender: Dr. Frank Weiß · Vorstand: Eva Neumann · Sitz der Gesellschaft Hamburg
Handelsregister B 535 356 beim Amtsgericht Hamburg

Den Rechnungsbetrag der Rechnung Nr. 23 549 der Büromöbelfabrik Westfalia AG hat die EURO-Computer AG bisher nicht beglichen. Auf die Zahlungserinnerung vom 10. Mai d. J. reagierte das Unternehmen nicht.

Büromöbelfabrik Westfalia AG

Ihr Zeichen:	verw
Ihre Nachricht vom:	20..-04-10
Unsere Zeichen:	schö
Unsere Nachricht vom:	20..-04-08
Name:	Katja Schöne
Telefon:	0231 435-138
Telefax:	0231 435-140
E-Mail:	schoene@westfalia-wvd.com
Datum:	20..-05-28

Büromöbelfabrik Westfalia AG · Postfach 33 44 66 · 44148 Dortmund

EURO-Computer AG
Frau Vera Schinkel
Postfach 4 58 02
21902 Hamburg

Ausgleich unserer Rechnung Nr. 23 549

Guten Tag, sehr geehrte Damen und Herren,

jeder von uns hat schon einmal etwas übersehen. Ist es möglich, dass Sie es versäumt haben, den Betrag unserer Rechnung Nr. 23 549 vom 8. April d. J. über 35.435,40 € zu überweisen? Daran können wir kaum glauben, denn wir haben Sie bereits am 10. d. M. an den fälligen Betrag erinnert. Bis heute ist der Betrag aber nicht bei uns verbucht worden. Welchen Grund haben Sie also, die Zahlung zu verweigern?

Überweisen Sie den Betrag bis zum

30. Mai 20 . .

Sie können sich vorstellen, dass wir unseren Zahlungsverpflichtungen ebenfalls pünktlich nachkommen müssen. Darum sind wir auf den pünktlichen Eingang unserer Außenstände angewiesen.

Sollten Sie auch diesen Zahlungstermin nicht einhalten, berechnen wir Ihnen vom Fälligkeitstag an Verzugszinsen. Bedenken Sie, dass Sie weitere Kosten dieses Mahnverfahrens vermeiden, wenn Sie den fälligen Betrag jetzt überweisen.

Freundliche Grüße

**Büromöbelfabrik
Westfalia AG**

i. A.

Katja Schöne

Anlage
1 Überweisungsvordruck

Geschäftsräume	Telefon	E-Mail	Internet	Sparkasse Dortmund
Behringstraße 255 44225 Dortmund	0231 435-0	info@westfalia-wvd.com	www.westfalia-wvd.com	IBAN: DE42 4405 0199 0003 4672 16 BIC: DORTDE33XXX

Vorsitzender des Aufsichtsrates: Dr. Walter Vogel · Vorsitzender des Vorstandes: Dr. Heinz Krause · Vorstand: Eva Schulze · Sitz der Gesellschaft Dortmund Handelsregister B 24 535 beim Amtsgericht Dortmund

Lernsituationen

Beanstandung von Schreibtischen

Als Sachbearbeiter(in) der EUROP Gesellschaft GmbH haben Sie eine Lieferung von 10 Integralschreibtischen der Marke „Tradition“ bei dem Unternehmen Büroorganisation Kampmann GmbH, Postfach 33 44 66, 44148 Dortmund, zu beanstanden.

An drei Schreibtischen lassen sich die Schubladen nur schwer öffnen. Die Führungsrollen haken auf der Gleitschiene. Offenbar klemmt auch die Auszugsperre. An einem Schreibtisch ist an der linken Seite ein 14 cm langer Kratzer vorhanden.

Verlangen Sie im Rahmen der Gewährleistung die Lieferung fünf mangelfreier Schreibtische innerhalb einer Frist von zwei Wochen.

Beanstandung eines Computers

Als Mitarbeiterin des Ingenieurbüros Elmar Götte haben Sie einen Computer zu beanstanden, den Ihnen das Unternehmen Büroorganisation Kampmann GmbH, Postfach 33 44 66, 44148 Dortmund, lieferte.

In Ihrer Bestellung wünschten Sie ausdrücklich den Computer GX Plus mit einer 1200-GB-Festplatte. Die Festplatte hat aber nur eine Speicherkapazität von 1000 GB.

Sie sind bereit, den Computer zu behalten, wenn Ihnen ein Preisnachlass von 150,00 € eingeräumt wird.

Beanstandung einer digitalen Spiegelreflexkamera

Bei den Optischen Werken Gotha GmbH, Postfach 3 44 66, 99867 Gotha, haben Sie als Privatperson am 2. November v. J. die digitale Spiegelreflexkamera 150 D bestellt, die am 15. November v. J. unbeschädigt bei Ihnen eintraf.

Nachdem Sie einige Aufnahmen gemacht hatten, setzte während des Fotografierens die Elektronik aus. Der Auslöser ließ sich nicht mehr betätigen. Es war auch nicht möglich, das Foto auf der Speicherkarte zu löschen. Die Kamera sandten Sie den Optischen Werken in Gotha zur Reparatur zu. Die Kamera wurde repariert.

Zwei Wochen nach der Reparatur trat ein Qualitätsverlust bei den Bildern ein. Die Fotos wurden nur in unechten Farben wiedergegeben. Sie sandten die Kamera erneut zur Reparatur ein.

Auch nach der zweiten Reparatur funktionierte die Kamera noch nicht einwandfrei. Die Bildqualität ließ nach wie vor zu wünschen übrig und bei Aufnahmen ließ sich der Auslöser manchmal nicht betätigen.

Sie verlangen im Rahmen der Gewährleistung die Lieferung einer einwandfreien Kamera, da die Garantiezeit von einem Jahr noch nicht abgelaufen ist.

Erneute Zahlungserinnerung

Das Unternehmen Technolux GmbH lieferte dem Einkaufszentrum West GmbH, Postfach 25 28 03, 13355 Berlin, 30 Gefriertruhen der Marke ARKTIS.

Als Sachbearbeiter(in) des Unternehmens Technolux GmbH stellten Sie dem Einkaufszentrum West GmbH am 12. Dezember v. J. die Rechnung Nr. 23 549 aus. Am 15. Januar d. J. erinnerten Sie an die fällige Überweisung des Betrages über 12.800,00 €.

Die Zahlung ging bis zum heutigen Tage nicht ein. Setzen Sie eine neue Zahlungsfrist bis zum 12. Februar d. J. Weisen Sie auf Ihre eigenen Zahlungsverpflichtungen hin. Kündigen Sie an, Verzugszinsen zu berechnen.

Dritte Mahnung

Das Unternehmen Technolux GmbH, bei dem Sie als Sachbearbeiterin beschäftigt sind, lieferte dem A & B Handelsmarkt GmbH, Postfach 53 43 03, 04103 Leipzig, 10 Waschautomaten der Marke EWA 350.

Als Sachbearbeiter(in) prüften Sie die Zahlungseingänge. Dabei stellten Sie fest, dass der A & B Handelsmarkt GmbH die Rechnung Nr. 19 538 vom 15. November v. J. über 3.498,00 € noch nicht beglichen hat. Auf die Zahlungserinnerung vom 17. Dezember d. J. reagierte das Unternehmen bisher nicht. Daraufhin mahnten Sie am 10. Januar d. J. erneut. Bis heute ist der fällige Betrag nicht verbucht worden.

Senden Sie dem A & B Handelsmarkt ein drittes Mahnschreiben. Setzen Sie eine letzte Zahlungsfrist bis zum 22. Februar d. J. und drohen Sie ein gerichtliches Mahnverfahren an.

Schnellbausteine

- Schnellbausteine (Textbausteine) sind Textabschnitte, die sich in Briefen häufig wiederholen. Word bezeichnet die Textbausteine als Schnellbausteine. Die gespeicherten Textbausteine können Sie ausdrucken. Auf diese Weise haben Sie ein Texthandbuch, aus dem Sie die Bausteine auswählen können.
- Zum Erstellen der Geschäftsbriefe werden häufig Schreibaufträge ausgefüllt.

Erfassen und Speichern der Textbausteine

- Wollen Sie einen Textabschnitt als Textbaustein speichern, müssen Sie ihn zuvor erfassen und markieren. Sie rufen dann in dem Register **Einfügen** der Gruppe **Text** die **Schnellbausteine** auf. Sie klicken nun **Auswahl im Schnellbaustein-Katalog speichern** an, geben den Namen des Bausteins ein und wählen den Katalog sowie die Kategorie aus. Eine Beschreibung des Bausteins können Sie auch hinzufügen.

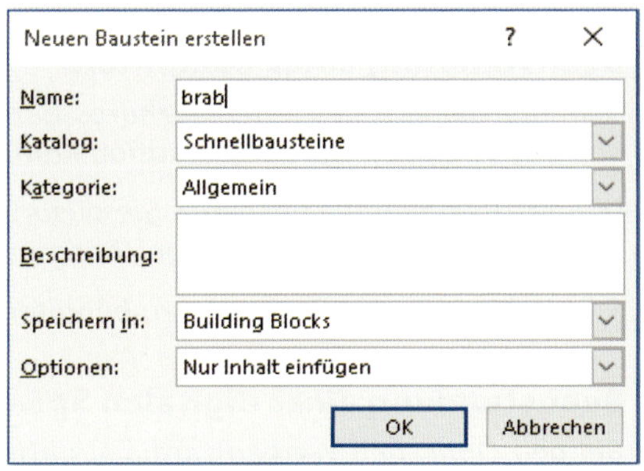

Arbeitsablauf

Einfügen – Schnellbausteine – Auswahl im Schnellbaustein-Katalog speichern – Bausteinnamen eingeben – Katalog auswählen – Kategorie auswählen – evtl. Beschreibung des Bausteins eingeben – OK

Laden der Textbausteine

- Textbausteine des Textverarbeitungsprogramms Word werden automatisch geladen.

Abrufen der Textbausteine

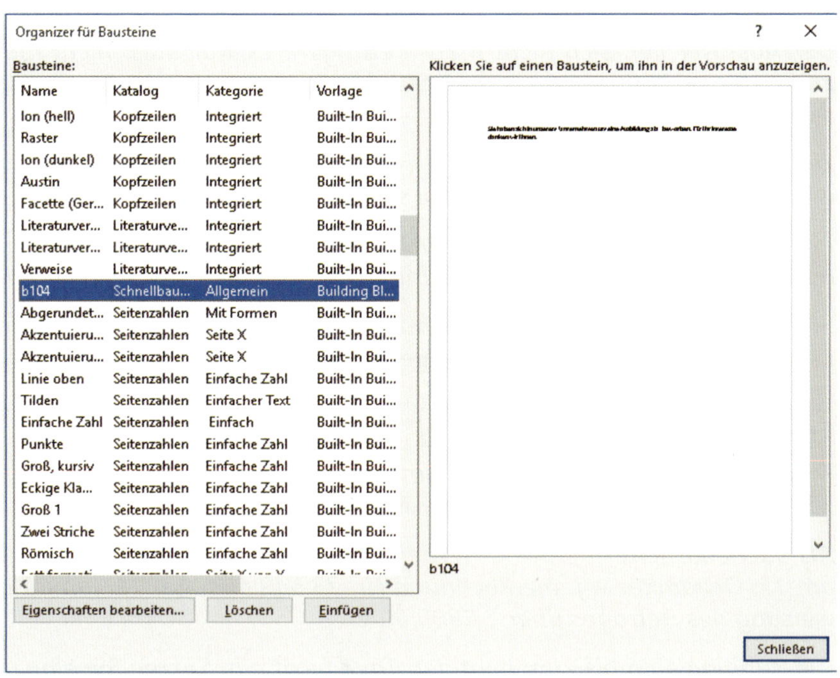

- Haben Sie den Textbaustein gespeichert, bedienen Sie die Funktionstaste **F3,** um den Baustein abzurufen. Sie können ihn aber auch unter **Einfügen – Schnellbausteine – Organizer für Bausteine** abrufen. Zu diesem Zweck wählen Sie den Namen des Bausteins aus und klicken **Einfügen** an.

Arbeitsablauf

Einfügen – Schnellbausteine – Organizer für Bausteine – Bausteinnamen anklicken – Einfügen

Löschen von Textbausteinen

- Zum Löschen des Textbausteins rufen Sie ebenfalls das Register **Einfügen – Schnellbausteine – Organizer für Bausteine** auf. Sie markieren den Namen des Bausteins und klicken **Löschen** an. Die Frage nach dem Löschen des Bausteins beantworten Sie mit **Ja.**

Arbeitsablauf

Einfügen – Schnellbausteine – Organizer für Bausteine – Bausteinnamen anklicken – Löschen – Ja

Aufgabe

Erfassen Sie den Volltext der Textbausteine und speichern Sie unter den angegebenen Bausteinnamen. Setzen Sie an den Textstellen, an denen Sie variable Textstellen einfügen müssen, Haltepunkte, indem Sie die Tastenkombination **Strg + F9** *bedienen. Die Haltepunkte springen Sie mit* **F11** *an.*

Sachgebiet Zahlungsverzug

Volltext	Name	Stichwort
• • **Zahlungserinnerung** • • Sehr geehrte{ } •	ZV101	*Betreff*
• • **Mahnung** • • Sehr geehrte{ } •	ZV102	*Betreff*
in der Hektik des Alltags haben wir alle schon einmal etwas übersehen. Sie haben übersehen, den Betrag unserer Rechnung Nr. { } über { } zu überweisen. •	ZV103	*Zahlung übersehen*
sicher haben Sie es nur vergessen, unsere Rechnung Nr. { } über { } zu begleichen. Wir können es aber kaum glauben, denn wir haben Sie bereits am {] an den fälligen Betrag erinnert. Bis heute ist der Betrag aber noch nicht bei uns verbucht worden. •	ZV104	*Zahlungserinnerung nicht beachtet*
Sie können sich vorstellen, dass wir unseren Zahlungsverpflichtungen ebenfalls rechtzeitig nachkommen müssen. Darum sind wir auf den pünktlichen Eingang der Außenstände angewiesen. •	ZV105	*Hinweis auf eigene Zahlungsverpflichtungen*
Bitte überweisen Sie den Betrag bis zum { } auf unser Konto bei der Stadtsparkasse Dortmund. Um Ihnen die Überweisung zu erleichtern, haben wir einen Überweisungsvordruck für Sie vorbereitet. •	ZV106	*Zahlungsaufforderung mit Überweisungsvordruck*
Sie werden verstehen, dass wir nicht länger auf den Eingang des Geldes warten können, und bitten daher Sie, den Betrag bis zum { } auf unser Konto bei der Stadtsparkasse Dortmund zu überweisen. •	ZV107	*Aufforderung zur umgehenden Zahlung*
Sollten Sie auch diesen Zahlungstermin nicht einhalten, berechnen wir Ihnen vom Fälligkeitstag an Verzugszinsen. Bedenken Sie, dass Sie weitere Kosten dieses Mahnverfahrens vermeiden, wenn Sie den fälligen Betrag jetzt überweisen. •	ZV108	*Ankündigung Verzugszinsen*
Freundliche Grüße • Büromöbelfabrik Westfalia AG • i. A. • { }	ZV109	*Briefabschluss*
Anlage 1 Überweisungsvordruck	ZV110	*Anlage*

Aufgabe

Führen Sie beide Schreibaufträge aus.

Schreibauftrag

Anschrift

	Mitarbeiterin: eigener Name
Bürosysteme	Abteilung: Rechnungswesen
Heiner Weber OHG	
Postfach 1 48 63	Telefon: 120
44137 Dortmund	Telefax: 110
	Datum: 20..-02.24

Bausteinname	Einfügungen
ZV101	Damen und Herren
ZV103	236 - 1.356,00 €
ZV105	
ZV106	15. März d.J.
ZV109	eigener Name
ZV110	

Schreibauftrag

Anschrift

	Mitarbeiterin: eigener Name
Großhandel	Abteilung: Rechnungswesen
Werner Schilling KG	
Frankfurter Straße 20	Telefon: 86
40595 Düsseldorf	Telefax: 90
	Datum: 20..-09-15

Bausteinname	Einfügungen
ZV101	Damen und Herren
ZV104	435 - 876,00 €
ZV107	30. September d.J.
ZV108	
ZV109	eigener Name

Layout

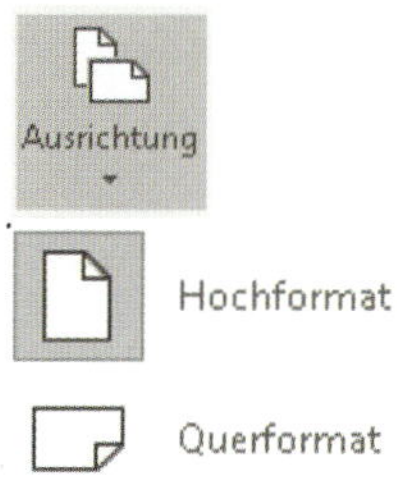

- In dem Register **Layout** der Gruppe **Seite einrichten** verändern Sie das Seitenformat, indem Sie die Funktion **Ausrichtung** anklicken. Jetzt stellen Sie das Hoch- oder Querformat ein.
- Wenn Sie eine andere Formatgröße festlegen wollen, klicken Sie in dem Register **Layout** der Gruppe **Seite einrichten** die Funktion **Format** an. Hier wählen Sie die gewünschte Formatgröße aus.

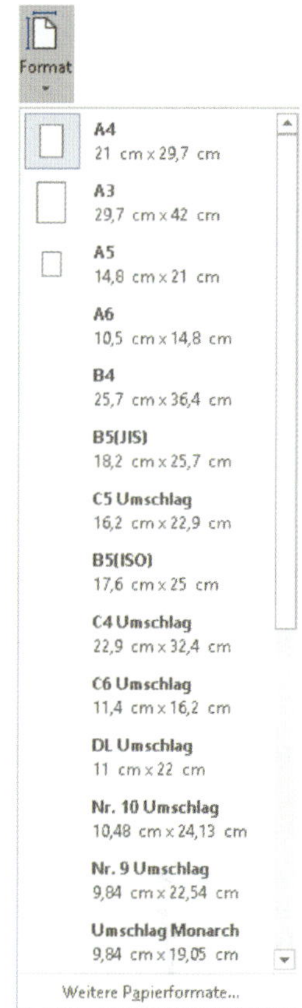

Arbeitsablauf

Layout – Ausrichtung – Hoch- oder Querformat anklicken – Layout – Format – Format anklicken

Seitenumbruch

Wollen Sie eine Seite vorzeitig beenden, geben Sie **Strg + ↵** ein.

Kopfzeile

- Um Kopf- oder Fußzeilen einfügen zu können, rufen Sie in dem Register **Einfügen** in der Gruppe **Kopf- und Fußzeile** die **Kopfzeile** auf. Sie haben die Möglichkeit, ein Muster für die Kopfzeile auszuwählen oder die Kopfzeile zu bearbeiten. Entscheiden Sie sich für **Kopfzeile bearbeiten,** erscheint die Kopfzeile auf dem Bildschirm.
- Gleichzeitig mit der Kopfzeile erscheint das Register **Kopf- und Fußzeile.** Hier können Sie die Seitenzahlen oder Kalenderdaten mit Uhrzeiten einfügen. Zu diesem Zweck klicken Sie das gewünschte Symbol an.

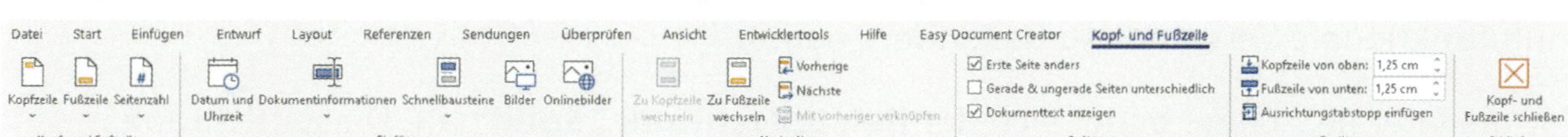

- Nach DIN 5008 kann die Seitenzahl zentriert werden. Vor der Seitenzahl und hinter der Seitenzahl steht dann ein Kurzstrich. Davor und dahinter bleibt ein Leerzeichen. Alternativ dazu können Sie aber auch am Seitenende „Seite ... von ...“ rechtsbündig eingeben.

Büromöbelfabrik Westfalia AG

Kopfzeile

Fußzeile

- Die Fußzeile eignet sich beispielsweise für die Aufnahme eine Werbeslogans. Wird auf dem Fortsetzungsblatt nur die Seitenzahl mit den Kurzstrichen aufgeführt, kann ein Hinweis auf die Folgeseiten in die Fußzeile aufgenommen werden, indem drei Punkte gesetzt werden.

Fußzeile

Seite 1 von 3

Arbeitsablauf

Einfügen – Kopfzeile – Kopfzeile bearbeiten – Schriftart und Schriftgröße einstellen – Kopfzeilentext eingeben – Seitenzahl einfügen anklicken – zu Fußzeile wechseln anklicken – Schriftart und Schriftgröße einstellen – Fußzeilentext eingeben – Kopf- und Fußzeile schließen

Aufgabe

Erstellen Sie eine Fußzeile nach diesem Muster.

Geschäftsräume	E-Mail	Internet	Sparkasse Dortmund
Zwickauer Straße 38	info@fahrraeder-tw-wvd.de	www.fahrraeder-tw-wvd.de	IBAN: DE42 4405 0199 0003 4672 16
44139 Dortmund			BIC: DORTDE33XXX

Büromöbelfabrik Westfalia AG

10 cm vom linken Rand
Mitarbeiter(in): { }
Abteilung: Verkauf

Telefon: 0231 435-{ }
Telefax: 0231 435-{ }
E-Mail: { }@westfalia-wvd.com
Internet: www.westfalia-wvd.com

Datum: { }

Büromöbelfabrik Westfalia AG · Postfach 33 44 66 · 44148 Dortmund
{ }
{ }
{ }
{ }
{ }

Die richtige Registratur für Sie

Guten Tag, sehr geehrte Damen und Herren,

bestimmt haben Sie schon einmal überlegt, ob Ihre Ablageform noch zeitgemäß ist und ob es nicht andere Möglichkeiten gibt, das Schriftgut übersichtlicher aufzubewahren. In unseren neuen Registraturschränken und Schreibtischen lässt sich Ihre Ablage gut geordnet unterbringen.

Das **Ablagesystem „Peru“** können Sie für die hängende Ablage in lateraler oder vertikaler Anordnung verwenden. Dieser Registraturschrank zeichnet sich durch seine multifunktionale Verwendung besonders aus.

Für die laterale Ablage bietet sich der **Beistellschrank „Solid“** an. Dieser Schrank eignet sich als laterale Hängeablage. Hier sind die Schriftgutbehälter seitlich nebeneinander auf einer Schiene angebracht. Dieses System kostet bei uns nur

4.128,00 EUR.

Organisationsschreibtische der Marken **„Ökonom“** und **„Ratio“** erleichtern Ihnen die Ablage in den Schreibtischen. Diese Ablageform ist eine sinnvolle Ergänzung zur Arbeitsplatzregistratur. Diese Schreibtische können Sie sehr günstig beziehen. Bei der Frage nach der zweckmäßigsten Ablage sollten Sie auch den Raumbedarf bedenken.

Die Schreibtische mit integriertem Profilrohr lassen sich stufenlos in der Höhe von 680 bis 800 mm verstellen. Beim Modell „Ratio“ ist dafür am Seitenteil des Schreibtisches eine Kur-bel angebracht.

Der Schreibtisch „Ökonom“ stellt Ihnen die gewünschte Arbeitshöhe durch Knopfdruck ein. Unter dem Schreibtisch befindet sich eine Kabelwanne. Links und rechts neben dem Schreibtisch sind Halterungen für das Computergehäuse und den Drucker angebracht.

Seite 1 von 2

Geschäftsräume
Behringstraße 255
44225 Dortmund

Telefon
0231 435-0

E-Mail
info@westfalia-wvd.com

Sparkasse Dortmund
IBAN: DE42 4405 0199 0003 4672 16
BIC: DORTDE33XXX

Vorsitzender des Aufsichtsrates: Dr. Walter Vogel · Vorsitzender des Vorstandes: Dr. Heinz Krause · Vorstand: Eva Schulze · Sitz der Gesellschaft Dortmund
Handelsregister B 24 535 beim Amtsgericht Dortmund

Büromöbelfabrik Westfalia AG

Mehr über unsere Registraturschränke, Beistellschränke und Organisationsschreibtische sagt Ihnen unsere Broschüre.

Sprechen Sie mit unserem Mitarbeiter, Herrn Frankenheim. Er berät Sie gern, welche Registraturschränke, Beistellschränke oder Organisationsschreibtische sich für Ihre Ablage am besten eignen. Vereinbaren Sie doch mit ihm einen Termin.

Freundliche Grüße

**Büromöbelfabrik
Westfalia AG**

i. A.

Claudia Meyer

Anlage
1 Broschüre

Verteiler
Herrn Frankenheim

Seite 2 von 2

Geschäftsräume	Telefon	E-Mail	Sparkasse Dortmund
Behringstraße 255	0231 435-0	info@westfalia-wvd.com	IBAN: DE42 4405 0199 0003 4672 16
44225 Dortmund			BIC: DORTDE33XXX

Vorsitzender des Aufsichtsrates: Dr. Walter Vogel · Vorsitzender des Vorstandes: Dr. Heinz Krause · Vorstand: Eva Schulze · Sitz der Gesellschaft Dortmund
Handelsregister B 24 535 beim Amtsgericht Dortmund

- Seiten eines Briefes sind von der zweiten Seite an fortlaufend zu nummerieren. Die Seitennummerierung „Seite ... von ...“ sollte vorzugsweise in der Fußzeile stehen. Die Form der Seitennummerierung mit einer Seitenzahl und Kurzstrichen sollte zentriert in der Kopfzeile stehen. Bei dieser Variante setzen Sie am Ende der vorhergehenden Seite als Hinweis auf die Folgeseiten drei Punkte. Seitenkennung und Text werden durch mindestens eine Leerzeile getrennt.

Lernsituation

Als Mitarbeiter(in) der Büromöbelfabrik Westfalia AG bieten Sie Ihren Kunden verschiedene Büromöbel an. Sie senden den Standardbrief an diese Kunden:

Bürosysteme Klingemann & Söhne KG Postfach 45 23 18 28195 Bremen	Büro der Zukunft Herbst & König GmbH Postfach 34 53 18 58095 Hagen	Großhandlung Freund & Sohn KG Postfach 31 78 98 76137 Karlsruhe

Ergänzen Sie den Informationsblock mit Angaben Ihrer Wahl.

Lernsituation

Die Leiterin der Personalabteilung der Büromöbelfabrik Westfalia AG, Frau Stefanie Keller, regte in der Besprechung der Abteilungsleiter am 26. Oktober d. J. an, für die ausgeschiedene Mitarbeiterin, Frau Julia Schmidt, die Stelle einer Kauffrau oder eines Kaufmanns für Büromanagement auszuschreiben. Die Stelle soll zum 1. Februar n. J. ausgeschrieben werden.

Die Bewerber sollen diese Voraussetzungen erfüllen:

- *eine abgeschlossene Berufsausbildung*
- *umfangreiche PC-Kenntnisse*
- *organisatorisches Geschick*
- *Flexibilität und Belastbarkeit*
- *gewandtes und sicheres Auftreten*

Frau Stefanie Keller entwirft eine Stellenanzeige, um Sie im UNIVERSALBLATT zu veröffentlichen.

Stellenanzeige

Büromöbelfabrik Westfalia AG

Wir sind ein mittelständisches Unternehmen in der Büromöbelbranche. Unser Konzept basiert im Wesentlichen auf dem Engagement unserer Mitarbeiterinnen und Mitarbeiter sowie auf dem hohen qualitativen Stand von Produkten und Service.

Zum 1. Februar n. J. suchen wir

eine Kauffrau oder einen Kaufmann für Büromanagement.

Wenn Sie über

- eine abgeschlossene Berufsausbildung,
- umfangreiche PC-Kenntnisse,
- organisatorisches Geschick,
- Flexibilität und Belastbarkeit,
- ein gewandtes und sicheres Auftreten

verfügen, bewerben Sie sich bei uns.

Senden Sie Ihre schriftliche Bewerbung bis zum 28. November d. J. an

Büromöbelfabrik
Westfalia AG
Frau Stefanie Keller
Postfach 33 44 66
44137 Dortmund

Lernsituation

Bei der Leiterin der Personalabteilung, Frau Stefanie Keller, gehen auf die Stellenanzeige im UNIVERSALBLATT mehrere Bewerbungen um die Stelle einer Kauffrau bzw. eines Kaufmanns für Büromanagement ein. Darunter auch die Bewerbung von Tanja Hoffmann, Uhlandstraße 37, 44147 Dortmund.

Tanja Hoffmann
Uhlandstraße 37
44147 Dortmund
Telefon: 0231 345375
E-Mail: t.hoffmann@aol.com

Tanja Hoffmann, Uhlandstraße 37, 44147 Dortmund
Büromöbelfabrik
Westfalia AG
Frau Stefanie Keller
Postfach 33 44 66
44148 Dortmund

20..-11-12

Bewerbung um die Stelle einer Kauffrau für Büromanagement

Sehr geehrte Frau Keller,

Sie suchen in Ihrer Stellenanzeige im UNIVERSALBLATT zum 1. Februar n. J. eine Kauffrau für Büromanagement, die über eine abgeschlossene Berufsausbildung, umfangreichreiche PC-Kenntnisse, organisatorisches Geschick, Flexibilität und Belastbarkeit verfügt. Diese Anforderungen erfülle ich. Darum bewerbe ich mich bei Ihnen um diese Stelle.

Meine Berufsausbildung absolvierte ich bei der EURO-Computer AG in Bochum. Während meiner Ausbildungszeit habe ich selbstständig mit dem Textverarbeitungsprogramm Word, dem Tabellenkalkulationsprogramm Excel und dem Präsentationsprogramm PowerPoint gearbeitet. In Lehrgängen für spezielle Anwendungen vertiefte ich diese Kenntnisse.

Nach der Ausbildungszeit habe ich Krankheitsvertretungen in verschiedenen Abteilungen wahrgenommen, bevor ich in der Organisationsabteilung Vordrucke für alle Betriebsbereiche entwickelte. Ich bin es gewohnt, meine Arbeitszeit den betrieblichen Bedürfnissen anzupassen, um bei einem hohen Arbeitsaufkommen alle Arbeiten termingerecht erledigen zu können.

Auf ein persönliches Gespräch mit Ihnen freue ich mich schon heute.

Freundliche Grüße

Anlage
1 Bewerbungsmappe

- Der Briefkopf kann in einer Kopfzeile von 5 cm Höhe angeordnet sein. Zum Briefkopf gehören die Namen des Absenders, Straßenbezeichnung und Hausnummer, Postleitzahl und Wohnort sowie die Kommunikationsverbindungen. Nach dem Briefkopf beginnt die Anschrift in der 1. Zeile der Anschriftzone. Nach der Empfängeranschrift lassen Sie zwei Leerzeilen bis zum rechtsbündig ausgerichteten Datum. Zwei Leerzeilen unter dem Datum folgt der Betreff. Den Betreff dürfen Sie durch Fettschrift und/oder Farbe hervorheben. Danach lassen Sie wiederum zwei Leerzeilen.
- Der Anlagenvermerk steht nach drei Leerzeilen unter dem Gruß. Die Überschrift dürfen Sie durch Fettschrift hervorheben.

Lebenslauf

Persönliche Daten	
Vor- und Zunamen	***Tanja Hoffmann***
Anschrift	*Uhlandstraße 37* *44147 Dortmund*
Telefon	*0231 345375*
E-Mail	*t-hoffmann@aol-wvd.com*
Geburtsdatum und -ort	*17. April 20.. in Dortmund*
Familienstand	*ledig*
Berufliche Tätigkeit	
Zeitraum	*seit 1. August 20.. – unbefristet*
Arbeitgeber	*EURO-Computer AG*
Anschrift	*Sodinger Straße 37 – 39, 44805 Bochum*
Tätigkeitsbereich	*Sachbearbeiterin in der Organisationsabteilung*
Schul- und Berufsausbildung	
Zeitraum	*1. August 20.. – 31. Juli 20..*
Ausbildungsbetrieb	*EURO-Computer AG*
Berufsschule	*Karl-Schiller-Berufskolleg, Dortmund*
Qualifikation	*Kauffrau für Büromanagement, Note „sehr gut“*
Zeitraum	*1. August 20.. – 31. Juli 20..*
Schulbildung	*Helmholz-Gymnasium, Dortmund*
Leitungskurse	*Deutsch und Biologie*
Qualifikation	*Allgemeine Hochschulreife*
Zeitraum	*1. August 20.. – 31. Juli 20..*
Schulbildung	*Lessing-Grundschule, Dortmund*
Fähigkeiten und Kompetenzen	
Muttersprache	*Deutsch*
Sprachkenntnisse Englisch	*kompetentes Verstehen, Sprechen und Schreiben*
Sprachkenntnisse Französisch	*selbstständiges Verstehen, Sprechen und Schreiben*
Computerkenntnisse	*Office 2019 und SAP ERP 6.0 E*
Führerschein	*Klasse B*

Dortmund, 12. November 20..

Tanja Hoffmann

Lernsituation

Auf die Stellenanzeige im UNIVERSALBLATT haben sich mehrere Damen und Herren um die Stelle einer Kauffrau oder eines Kaufmanns für Büromanagement beworben. Die Leiterin der Personalabteilung, Frau Stefanie Keller, lädt die Bewerberin Tanja Hoffmann, Uhlandstraße 37, 44147 Dortmund, zu einem Vorstellungsgespräch ein. Sie bittet darum, den Fragebogen ausgefüllt zurückzusenden.

Büromöbelfabrik Westfalia AG

Mitarbeiterin: Stefanie Keller
Abteilung: Personal

Büromöbelfabrik Westfalia AG · Postfach 33 44 66 · 44148 Dortmund
Frau
Tanja Hoffmann
Uhlandstraße 37
44147 Dortmund

Telefon: 0231 435-16
Telefax: 0231 435-10
E-Mail: keller@westfalia-wvd.com
Internet: www.westfalia-wvd.com

Datum: 20..-11-30

Einladung zu einem Vorstellungsgespräch

Guten Tag Frau Hoffmann,

unter den Bewerberinnen und Bewerbern um die Stelle einer Kauffrau für Büromanagement haben wir Ihre Bewerbung in die engere Wahl gezogen. Bevor wir uns endgültig entscheiden, möchten wir Sie auch persönlich kennenlernen.

Zu einem Vorstellungsgespräch laden wir Sie für

Dienstag, 18. Dezember d. J., 14:00 Uhr,

in den Raum 15 ein. Sie haben Gelegenheit, sich über unser Unternehmen zu informieren und sich unsere Abteilungen anzusehen.

Senden Sie den Fragebogen noch vor Ihrem Vorstellungsgespräch zurück. Dafür danken wir Ihnen im Voraus.

Freundliche Grüße

Büromöbelfabrik
Westfalia AG

i. A.

Stefanie Keller

Anlage
1 Personalbogen

Geschäftsräume
Behringstraße 255
44225 Dortmund

E-Mail
info@westfalia-wvd.com

Sparkasse Dortmund
IBAN: DE42 4405 0199 0000 4672 16
BIC: DORTDE33XXX

Vorsitzender des Aufsichtsrates: Dr. Walter Vogel · Vorsitzender des Vorstandes: Dr. Heinz Krause · Vorstand: Eva Schulze
Sitz der Gesellschaft: Dortmund · Handelsregister B 24 535 beim Amtsgericht Dortmund

Lernsituation

Während der Arbeitszeit legt die Mitarbeiterin der Verkaufsabteilung, Frau Julia Schmidt, wiederholt Raucherpausen ein, ohne die Arbeitszeit nachzuarbeiten. Die Leiterin der Personalabteilung, Frau Stefanie Keller, wies die Mitarbeiterin auf diesen Umstand hin. Sie verfasst nun eine Abmahnung.

Büromöbelfabrik Westfalia AG

Mitarbeiterin: Stefanie Keller
Abteilung: Personal

Büromöbelfabrik Westfalia AG · Postfach 33 44 66 · 44148 Dortmund
Frau
Julia Schmidt
im Hause

Telefon: 0231 435-16
Telefax: 0231 435-10
E-Mail: keller@westfalia-wvd.com
Internet: www.westfalia-wvd.com

Datum: 20..-11-30

Abmahnung

Sehr geehrte Frau Schmidt,

in unseren Büro- und Verkaufsräumen besteht für alle Mitarbeiterinnen und Mitarbeiter ein Rauchverbot. Wenn Sie Ihren Arbeitsbereich verlassen, um vor dem Gebäude zu rauchen, ist diese Zeit auf Ihre Arbeitszeit anzurechnen. Darüber habe ich Sie in einem Rundschreiben informiert.

Sie haben in den vergangenen Monaten mehrmals Ihren Arbeitsplatz verlassen, um eine Raucherpause einzulegen. Erst nach 15 bis 20 Minuten nahmen Sie Ihre Arbeit wieder auf. Diese Zeiten haben Sie bisher nicht nachgearbeitet. Als ich Sie vor einiger Zeit auf diesen Umstand hinwies, versprachen Sie, Ihr Verhalten zu ändern. Das ist aber nicht geschehen.

Ich fordere Sie nochmals nachdrücklich auf, Ihren Verpflichtungen aus Ihrem Arbeitsvertrag nachzukommen. Bei weiteren Verstößen müssen Sie mit einer Kündigung rechnen.

Freundliche Grüße

Büromöbelfabrik
Westfalia AG

i. A.

Stefanie Keller

Empfangsbestätigung

Die Abmahnung habe ich heute erhalten. Ich habe den Inhalt gelesen und verstanden.

______________________ Ort, Datum

______________________ Unterschrift

Lernsituation

Der Vorstand der Büromöbelfabrik Westfalia AG hat beschlossen, die Verkaufsabteilung neu zu organisieren. Dadurch ist der Mitarbeiter, Herr Fabian Lange, entbehrlich. Die Leiterin der Personalabteilung, Frau Stefanie Keller, verfasst das Kündigungsschreiben.

Büromöbelfabrik Westfalia AG

Mitarbeiterin: Stefanie Keller
Abteilung: Personal

Büromöbelfabrik Westfalia AG · Postfach 33 44 66 · 44148 Dortmund
Einschreiben Rückschein
Persönlich

Herrn
Fabian Lange
Martener Hellweg 10
44379 Dortmund

Telefon: 0231 435-16
Telefax: 0231 435-10
E-Mail: keller@westfalia-wvd.com
Internet: www.westfalia-wvd.com

Datum: 20..-08-20

Kündigung Ihres Arbeitsverhältnisses

Sehr geehrter Herr Lange,

seit 1. August 20.. sind Sie als Mitarbeiter in der Verkaufsabteilung für die Verkaufsberatung und das Erstellen von Angeboten verantwortlich. Die Abteilung wird ab 1. Januar 20.. neu organisiert. Da Ihre Arbeit dann von einer anderen Mitarbeiterin übernommen wird, **kündigen wir das Arbeitsverhältnis fristgerecht zum 31. Dezember 20..** Der Betriebsrat stimmte der Kündigung zu. Bitte melden Sie sich rechtzeitig bei der Agentur für Arbeit, damit Ihnen keine Leistungen gestrichen werden. Sie sind verpflichtet, sich aktiv eine andere Beschäftigung zu suchen.

Nach § 1 a KSchG steht Ihnen eine Abfindung zu, wenn Sie innerhalb von drei Wochen keine Kündigungsschutzklage einreichen. Bis zum 31. Dezember 20.. haben Sie 30 Urlaubstage (Arbeitstage). Ihr Urlaubsanspruch beträgt noch 10 Urlaubstage. Sie erhalten von uns ein qualifiziertes Arbeitszeugnis. Geben Sie an diesem Tag auch Ihre Schlüssel für die Abteilung zurück.

Für Ihre berufliche Zukunft wünschen wir Ihnen alles Gute und hoffen, dass Sie schnell einen neuen Arbeitsplatz finden.

Freundliche Grüße

**Büromöbelfabrik
Westfalia AG**

i. A.

Stefanie Keller

Geschäftsräume
Behringstraße 255
44225 Dortmund

E-Mail
info@westfalia-wvd.com

Sparkasse Dortmund
IBAN: DE42 4405 0199 0000 4672 16
BIC: DORTDE33XXX

Vorsitzender des Aufsichtsrates: Dr. Walter Vogel · Vorsitzender des Vorstandes: Dr. Heinz Krause · Vorstand: Eva Schulze
Sitz der Gesellschaft: Dortmund · Handelsregister B 24 535 beim Amtsgericht Dortmund

Lernsituation

Schreiben aus besonderen Anlässen unsterscheiden sich vom sonstigen Schriftverkehr. Dazu zählen beispielsweise Arbeitszeugnisse. Solche Schreiben enthalten keine Anschrift und keinen Informationsblock. Der linke und rechte Rand sowie der Zeilenabstand dürfen vergrößert werden. Kalenderdaten sollten alphanumerisch geschrieben werden.

Die Mitarbeiterin der Verkaufsabteilung, Frau Julia Schmidt, geboren am 18. April 20.., kündigte ihr Arbeitsverhältnis bei der Büromöbelfabrik Westfalia AG zum 31. März d. J. Frau Schmidt arbeitete seit 1. August 20.. in der Abteilung „Verkauf". Zu Ihren Aufgaben gehörten die Verkaufsberatung und das Erstellen von Angeboten. Frau Schmidt verfügt über sehr gute Fachkenntnisse, beherrscht die englische Sprache, ist zuverlässig und vertrauenswürdig. Sie erledigte alle Arbeiten zur vollsten Zufriedenheit. Bei Kollegen war sie beliebt. Die Leiterin der Personalabteilung, Frau Stefanie Keller, stellt am 31. März d. J. das Arbeitszeugnis aus, das von dem Prokuristen Thomas Breitscheid unterschrieben wird.

Arbeitszeugnis

Büromöbelfabrik Westfalia AG

31. März 20 . .

Arbeitszeugnis

Frau Julia Schmidt, geboren am 18. April 20.., war vom 1. August 20.. bis 31. März 20.. in der Abteilung „Verkauf" unseres Unternehmens beschäftigt. Ihr Aufgabengebiet umfasste das Beraten von Kunden und das Erstellen von Angeboten.

Frau Schmidt erledigte alle Arbeiten zur vollsten Zufriedenheit. Frau Schmidt verfügt über sehr gute Fachkenntnisse und beherrscht die englische Sprache, ist zuverlässig und vertrauenswürdig. Bei den Kolleginnen und Kollegen war sie beliebt.

Frau Schmidt verlässt unser Unternehmen auf eigenen Wunsch. Für Ihren weiteren Lebensweg wünschen wir ihr alles Gute.

Büromöbelfabrik
Westfalia AG

ppa.

Thomas Breitscheid

Geschäftsräume	E-Mail	Internet	Sparkasse Dortmund
Behringstraße 255	info@westfalia-wvd.com	www.westfalia-wvd.com	IBAN: DE42 4405 0199 0000 4672 16
44225 Dortmund			BIC: DORTDE33XXX

Vorsitzender des Aufsichtsrates: Dr. Walter Vogel · Vorsitzender des Vorstandes: Dr. Heinz Krause · Vorstand: Eva Schulze
Sitz der Gesellschaft: Dortmund · Handelsregister B 24 535 beim Amtsgericht Dortmund

Lernsituationen

Stellenanzeige

Die Leiterin der Personalabteilung der Büromöbelfabrik Westfalia AG, Frau Stefanie Keller, beabsichtigt, wegen der Kündigung der Mitarbeiterin, Frau Marie Fleischer, zum 1. April d. J. eine Kauffrau oder einen Kaufmann für Büromanagement in der Abteilung „Rechnungswesen" einzustellen. Bewerber müssen diese Voraussetzungen erfüllen: abgeschlossene Berufsausbildung – umfangreiche Kenntnisse mit Office 2019 – gute Englischkenntnisse – Flexibilität und Belastbarkeit – sicheres und gewandtes Auftreten. Frau Stefanie Keller entwirft eine Stellenanzeige, um Sie im UNIVERSALBLATT zu veröffentlichen. Sie setzt eine Bewerbungsfrist bis 28. Februar d. J.

Aufgabe

Fertigen Sie nach der Lernsituation die Stellenanzeige an.

Antwort auf ein Bewerbungsschreiben

Auf die Stellenanzeige um die Stelle einer Kauffrau oder eines Kaufmanns für Büromanagement im UNIVERSALBLATT bei der Büromöbelfabrik Westfalia AG bewarb sich Frau Nadine Krause, Sodinger Straße 48, 44805 Bochum. Die Leiterin der Personalabteilung, Frau Stefanie Keller, bestätigt den Eingang des Bewerbungsschreibens. Wenn die Bewerbungsfrist am 28. Februar d. J. abgelaufen ist, informiert Frau Keller die Bewerberin, ob sie die Stelle bekommt.

Aufgabe

Fertigen Sie nach der Lernsituation das Antwortschreiben auf die Bewerbung an. Berücksichtigen Sie die Schreib- und Gestaltungsregeln nach DIN 5008.

Fristlose Kündigung

Der Mitarbeiter der Lagerverwaltung der Büromöbelfabrik Westfalia AG, Herr Daniel Roth, wurde von einer Mitarbeiterin beobachtet, als er am 10. Oktober d. J. drei Pakete Spezialschrauben (je 500 Stück) entwendete. Die Leiterin der Personalabteilung, Frau Stefanie Keller, kündigt das Arbeitsverhältnis mit Herrn Roth fristlos. Der Betriebsrat hat der Kündigung zugestimmt. Den Resturlaub zahlt das Unternehmen mit dem letzten Gehalt aus. Frau Keller weist darauf hin, dass der Mitarbeiter sich bei der Agentur für Arbeit melden muss, um seine Ansprüche geltend zu machen. Er ist verpflichtet, sich aktiv eine andere Beschäftigung zu suchen.

Aufgabe

Fertigen Sie nach der Lernsituation das Kündigungsschreiben. Berücksichtigen Sie die Schreib- und Gestaltungsregeln nach DIN 5008.

Arbeitszeugnis

Der Mitarbeiter in der Lagerverwaltung der Büromöbelfabrik Westfalia, Herr Daniel Roth, geboren am 7. Juni 20.., war vom 1. April 20.. bis 12. Oktober d. J. als Fachkaufmann für Lager und Logistik bei der Büromöbelfabrik Westfalia AG beschäftigt. Zu seinem Aufgabengebiet gehörten das Ausladen, Sortieren und Verpacken der Ware, das Prüfen und Kontrollieren der Lieferscheine sowie das Zuordnen der Waren innerhalb des Lagerverwaltungssystems. Herr Roth verfügt über ein umfangreiches Fachwissen. Er erledigte die Aufgaben zur vollen Zufriedenheit selbstständig und zuverlässig. Von den Kolleginnen und Kollegen wurde er wegen seiner hilfsbereiten Art geschätzt.

Aufgabe

Fertigen Sie nach der Lernsituation das Arbeitszeugnis.

Lernsituation

In Ihrem Ausbildungsbetrieb haben Sie verschiedene Vordrucke zu entwickeln. Damit Sie sich das Ausfüllen erleichtern, fügen Sie Formularfelder ein.

Erstellen eines Vordrucks mit Formularfeldern

Um das Ausfüllen von Vordrucken zu erleichtern, können Sie Formularfelder einfügen. Zu diesem Zweck rufen Sie das Register **Entwicklertools** auf. Ist dieses Register nicht aktiviert, steuern Sie unter **Datei** die **Optionen** an. Unter **Menüband anpassen** stellen Sie in der Hauptregisterkarte die **Entwicklertools** ein.

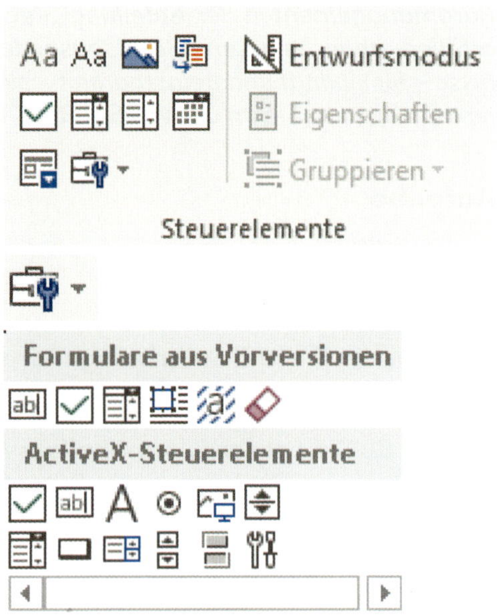

In der Gruppe **Steuerelemente** der **Vorversionstools** fügen Sie die gewünschten Formularfelder ein. Ein Textfeld aktivieren Sie, indem Sie **ab** anklicken. Wollen Sie ein Kontrollkästchen, das Sie später ankreuzen können, abrufen, klicken Sie das Kästchen mit dem Häkchen an.

Diese Formularfelder können Sie u. a. aufrufen:

Textfeld

Dieses Formularfeld ist für die Eingabe von Text bestimmt.

☐ *Kontrollkästchen*

Ist das Kontrollkästchen aktiviert, erscheint ein Kreuz. ☒

Um das Formular zu schützen, klicken Sie im Register **Entwicklertools** der Gruppe **Schützen** die Funktion **Bearbeitung einschränken** an. Nun erscheinen rechts im Aufgabenbereich weitere Optionen zum Schutz des Formulars. Klicken Sie unter **Bearbeitungsbeschränkungen** das Kästchen **Nur diese Bearbeitungen im Dokument zulassen** an. Nun wählen Sie **Ausfüllen von Formularen.** Um das Formular zu schützen, steht die Option **Ja, Schutz jetzt anwenden** bereit. Danach werden Sie aufgefordert, ein Kennwort einzugeben.

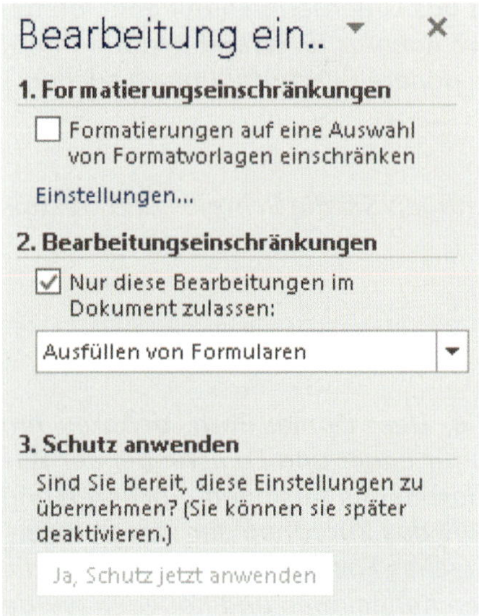

Arbeitsablauf

Entwicklertools – Steuerelemente – Vorversionstools – gewünschtes Formularfeld aktivieren – Formular schützen – Bearbeitungsbeschränkungen: Nur diese Bearbeitungen im Dokument zulassen – Pfeil hinter: Keine Änderungen anklicken – Ausfüllen von Formularen – Schutz anwenden – Kennwort eingeben und bestätigen

Ausfüllen der Formularfelder

Textfeld

Formularfelder steuern Sie mit der Tab-Taste an. Bei einem Textformularfeld setzen Sie nun Ihren Text ein.

Kontrollkästchen

Sie bedienen die Leertaste, um das Kontrollkästchen zu aktivieren. Sie können auch die linke Maustaste anklicken. Das Kästchen ist nun angekreuzt.

Aufgabe

Erstellen Sie einen Vordruck zum Erfassen der Personalstammdaten.

Personalstammdaten der Büromöbelfabrik Westfalia AG

Personalnummer: Textfeld — Eintrittsdatum: Textfeld

Persönliche Angaben

Name: Textfeld — Vorname: Textfeld

Straße: Textfeld — PLZ und Wohnort: Textfeld

Geburtsdatum: Textfeld — Geburtsort: Textfeld

Familienstand: Textfeld — Partner: Textfeld

Staatsangehörigkeit: Textfeld — Textfeld

Schulbesuch – Studium – Kenntnisse

Schulabschluss: Textfeld — Studienabschluss: Textfeld

Berufsausbildung: Textfeld

Besondere Kenntnisse: Textfeld

Bisheriger Arbeitgeber

Unternehmen: Textfeld — Zeitraum: Textfeld

Unternehmen: Textfeld — Zeitraum: Textfeld

Gehalt

Steuerklasse: Textfeld — Gehaltsgruppe: Textfeld

Kinderfreibeträge: Textfeld — Gehalt: Textfeld

Urlaubsanspruch: Textfeld

Sozialversicherung

Krankenkasse: Textfeld

❑ Pflichtversichert ❑ Ersatzversichert ❑ Freiwillig versichert

Versicherungsnummer: Textfeld

Tätigkeitsmerkmal: Textfeld

Beitragsgruppenschlüssel: Textfeld

Bankverbindung

Kreditinstitut: Textfeld — IBAN: Textfeld

BIC: Textfeld

Bemerkung: Textfeld

Vorstand **Büromöbelfabrik Westfalia AG**

Abteilungsleiter(innen)
Büromöbelfabrik Westfalia AG

20..-10-02

Einladung zur Besprechung der Abteilungsleiter(innen)

Liebe Mitarbeiterinnen und Mitarbeiter,

zu einer Besprechung der Abteilungsleiter(innen) lade ich Sie herzlich ein.

Termin: Dienstag, 26. Oktober 20..
Besprechungsdauer: 14:00 bis 16:00 Uhr
Raum: 15
Protokoll: *Frau Katja Fischer*

Tagesordnung:

1. Finanzielle Lage des Unternehmens
   Referentin: *Frau Silke Steinmann*
2. Produktion neuer Büromöbel
   Referentin: *Frau Karolin Krüger*
3. Werbeaktionen
   Referent: *Herr Dietmar Schöne*
4. Verschiedenes

Bitte informieren Sie mich, wenn Sie verhindert sein sollten. Schon heute wünsche ich uns in einer angenehmen Arbeitsatmosphäre gute Besprechungsergebnisse.

Freundlich grüßt Sie

Ihr Vorstand

Eva Schulze

Briefkopf 5 cm hoch

Verwaltung

Mitarbeiterinnen und Mitarbeiter
der Büromöbelfabrik Westfalia AG

20..-05-30

Betriebsausflug am 20. Juni d. J. nach Weimar

Liebe Kolleginnen und Kollegen,

sicher haben Sie sich schon Gedanken darüber gemacht, wohin uns der diesjährige Betriebsausflug führen wird. Nach langen Überlegungen haben wir uns für die Kulturstadt **Weimar** als Ausflugsziel entschieden.

Gemeinsam mit dem Betriebsrat unterbreiten wir Ihnen dieses Programm:

07:00 Uhr	*Abfahrt am Verwaltungsgebäude*
10:30 Uhr	*Ankunft in Weimar*
10:50 Uhr	*Besichtigung des Goethemuseums*
13:00 Uhr	*Mittagessen im Theaterrestaurant*
15:00 Uhr	*Stadtbesichtigung*
19:30 Uhr	*Abendessen*
24:00 Uhr	*Rückkehr*

Senden Sie den Anmeldevordruck bis zum Monatsende als E-Mail an uns zurück.

Freundliche Grüße

i. A.

Sabine Meyer

Anmeldung zum Betriebsausflug

Vor- und Zuname: Textfeld   Abteilung: Textfeld

An dem Betriebsausflug am 20. Juni d. J. nach Weimar

❑ nehme ich teil   ❑ nehme ich nicht teil

Datum: automatisch einfügen

Aktennotiz

In einer Aktennotiz halten Sie fest, wer mit wem, wann, wo und worüber gesprochen hat. Sie müssen darauf achten, dass Sie den Sachverhalt objektiv, kurz und verständlich wiedergeben. Zu den Aktennotizen gehören auch Telefonnotizen und Gesprächsnotizen. Sie können eine Telefonnotiz als Maske erstellen und bei Bedarf abrufen. In diese Maske setzen Sie für die Beschriftung durch **Strg + F9** Haltepunkte ein. Mit der Funktionstaste **F11** steuern Sie die Haltepunkte zum Beschriften der Vorlage an. In Aktennotizen wird oft noch ein Verteilvermerk, der wie der Anlagenvermerk zu gestalten ist, aufgeführt.

Telefonnotiz

<table>
<tr><th colspan="3">Telefonnotiz</th></tr>
<tr><td>Anruf für
Markus Fischer</td><td>Anruf von
Stefanie Becks</td><td>Unternehmen
TECHNOLUX GmbH</td></tr>
<tr><td>Telefon
0351 5452-28</td><td colspan="2">E-Mail
becks@technolux@com</td></tr>
<tr><td colspan="3">Grund
Die Lieferung der 10 Waschautomaten EWA 350 verzögert sich um eine Woche.</td></tr>
<tr><td>Aufgenommen von
Katrin Heinemann</td><td>Datum
20.11.20..</td><td>Uhrzeit
09:50 Uhr</td></tr>
</table>

Büromöbelfabrik Westfalia AG

Aktennotiz

Anlass: Besprechung mit Herrn Thomas Adler über die Lieferung von Weichbodenrollen

Datum: 15. Juni 20..
Zeit: 09:30 – 10:55 Uhr
Ort: Raum 15

Teilnehmer: Frau Karolin Krüger, Einkaufsabteilung
Herr Thomas Adler, BÜRORG GmbH, Bielefeld

Frau Krüger äußert gegenüber Herrn Adler den Wunsch nach Lieferung von Weichbodenrollen, die sich für weiche Teppiche usw. besonders eignen. Die Montage soll durch eine einfache Steckfunktion möglich sein. Die Bodenrollen sollen dem Design der Bürostühle entsprechen.

Herr Adler sagt zu, innerhalb von zwei Wochen ein günstiges Angebot vorlegen zu wollen.

Karolin Krüger

Verteiler
Abteilungsleiter Einkauf

Protokoll

- Ein Protokoll dient der Information, der Dokumentation, als Arbeitsgrundlage, als Beweismittel und als Urkunde. In Protokollen werden die wesentlichen Informationen von Besprechungen, Sitzungen, Konferenzen, Gesprächen usw. schriftlich festgehalten.

Dabei ist nach Art der Protokolle zwischen wörtlichen Protokollen, ausführlichen Protokollen (Verlaufsprotokollen), Kurzprotokollen und Ergebnisprotokollen (Beschlussprotokollen) zu unterscheiden.

- Abläufe, wesentliche, auch unterschiedliche Standpunkte, Argumente, Anträge, Abstimmungsergebnisse, Beschlüsse, Vereinbarungen und Ergebnisse sind chronologisch, vollständig und eindeutig abzufassen. Sie sind im Präsens (Gegenwart) wiederzugeben. Aussagen von Sitzungsteilnehmern sind aber im Konjunktiv I (Möglichkeitsform I) abzufassen.
- Der Protokollkopf sollte diese Angaben enthalten:
    - Namen oder Abteilung des Unternehmens
    - Art des Protokolls
    - Anlass der Zusammenkunft
    - Datum, Beginn und Ende der Sitzung
    - Namen der Anwesenden, evtl. Hinweis auf die Anwesenheitsliste
    - Eingeladene, die nicht an der Sitzung teilnehmen oder sich entschuldigt haben
    - Namen der Sitzungsleitung und des Protokollführenden
    - Tagesordnung
- Im Protokollfuß führen Sie das Datum der Protokollausfertigung auf. Das Protokoll ist vom Sitzungsleiter und dem Protokollführenden zu unterschreiben. Das Protokoll mit den Originalunterschriften (handschriftlich oder rechtsverbindliche elektronische Unterschrift) muss aufbewahrt werden.

Protokoll der Sitzung des Aufsichtsrates der Büromöbelfabrik Westfalia AG

Tag: Donnerstag, 11. Oktober 20..
Zeit: 14:00 bis 16:00 Uhr
Ort: Sitzungsraum 1

Teilnehmer:
Dr. Peter Krüger, Vorsitzender des Aufsichtsrates
Dr. Regina Baumann, Aufsichtsrat
Felix Meerkamp, Aufsichtsrat
Dr. Thomas Müller, Vorstandsvorsitzender
Dr. Melanie Topp, Vorstand

Leitung: Dr. Peter Krüger, Vorsitzender des Aufsichtsrates

Protokoll: Frau Tanja Fischer, Sekretariat

Tagesordnung:
1. Genehmigung des Protokolls des Aufsichtsrates vom 26. September 20..
2. Verabschiedung der Geschäftsordnung für den Aufsichtsrat
3. Verabschiedung der Geschäftsordnung für den Vorstand
4. Situationsbericht des Vorstandes

Tagesordnungspunkt 1
Genehmigung des Protokolls der Aufsichtsratssitzung vom 26. September 20..

Die Sitzungsteilnehmer genehmigen das Protokoll der Aufsichtsratssitzung vom 26. September 20.. einstimmig.

...
Dr. Peter Krüger bedankt sich den konstruktiven Sitzungsverlauf und schließt die Sitzung.

Dortmund, 11. Oktober 20..

Dr. Peter Krüger	*Tanja Fischer*
Dr. Peter Krüger	Tanja Fischer
Vorsitzender des Aufsichtsrates	Protokollführerin

Erstellen einer E-Mail

- Zum Erstellen einer E-Mail-Nachricht ruft der Teilnehmer das Programm auf und stellt die Verbindung zum Internet her.
- Die E-Mail-Adresse enthält den Namen des Empfängers, das @-Zeichen, den Provider (Anbieter) und das Länderkennzeichen. Alle Angaben in E-Mail-Adressen sind in Kleinbuchstaben zu schreiben. Die Umlaute *ö*, *ä* und *ü* werden durch *oe*, *ae* und *ue* ersetzt. Für das *ß* wird *ss* geschrieben. Zur Trennung der Angaben werden nur Punkte oder Bindestriche verwendet.

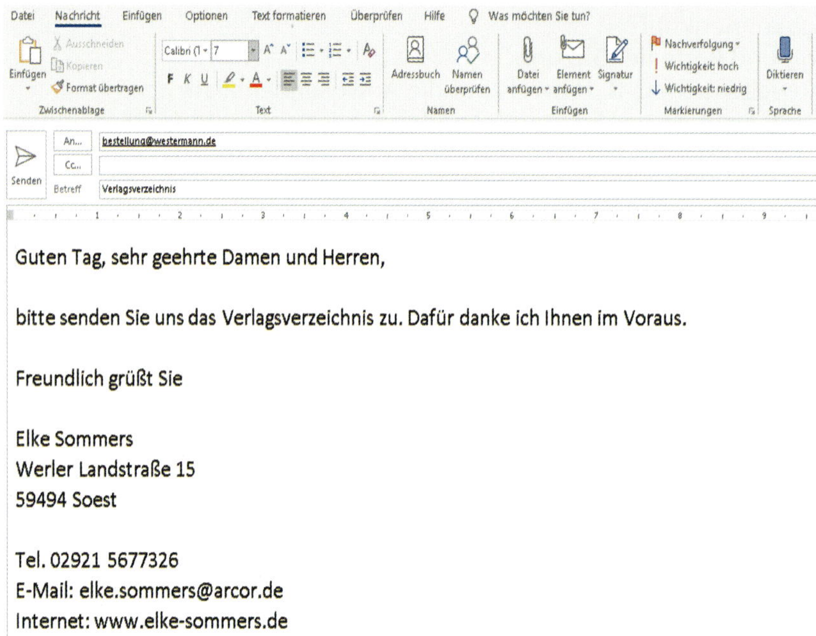

bestellung@westermann.de

Verlagsverzeichnis

Guten Tag, sehr geehrte Damen und Herren,

bitte senden Sie uns das Verlagsverzeichnis zu. Dafür danke ich Ihnen im Voraus.

Freundlich grüßt Sie

Elke Sommers
Werler Landstraße 15
59494 Soest

Tel. 02921 5677326
E-Mail: elke.sommers@arcor.de
Internet: www.elke-sommers.de

- Sie setzen zunächst in das Fenster die E-Mail-Adresse des Empfängers ein. Wenn weitere Empfänger dieselbe E-Mail erhalten sollen, sind die E-Mail-Adressen hinter CC... einzusetzen. Der Betreff ist in einer E-Mail zwingend erforderlich. Wollen Sie Anlagen einfügen, klicken Sie **Einfügen** an und wählen die gewünschte Datei aus. Für die Anrede, den Text der E-Mail und den Abschluss einer E-Mail ist ein großes Feld vorhanden.
- Die elektronische Post sollte genau so sorgfältig wie ein Geschäftsbrief angefertigt werden. Eingabefehler sind unbedingt zu vermeiden.
- Die einzelnen Teile des E-Mail-Abschlusses sind voneinander zu trennen.
- In einer geschäftlichen E-Mail sollte der Abschluss so gestaltet werden:

Freundliche Grüße

Autohaus Westfalen GmbH

i. A. Eva Klug

Telefon: 0231 435-120
Telefax: 0231 435-155
E-Mail: eva.klug@ah-westfalen-wvd.aol.com
Internet: www.ah-westfalen-wvd.com

Postanschrift: Postfach 33 44 66 – 44137 Dortmund
Sitz/Hausanschrift: Behringstraße 215 – 44225 Dortmund
Geschäftsführer Heinz Krause
Handelsregister B 24 535 beim Amtsgericht Dortmund

Dateien für den Serienbrief

- Für Serienbriefe sind eine Datenquelle und ein Seriendruck-Hauptdokument anzulegen. Die Datenquelle setzt sich aus verschiedenen Datensätzen zusammen. Der Steuersatz enthält die Feldnamen der Datenfelder. Das sind in einer Tabelle die Spaltenüberschriften. Die Einfügesätze bestehen aus den Datenfeldern. Das sind die variablen Textstellen, die in das Seriendruck-Hauptdokument einzufügen sind.

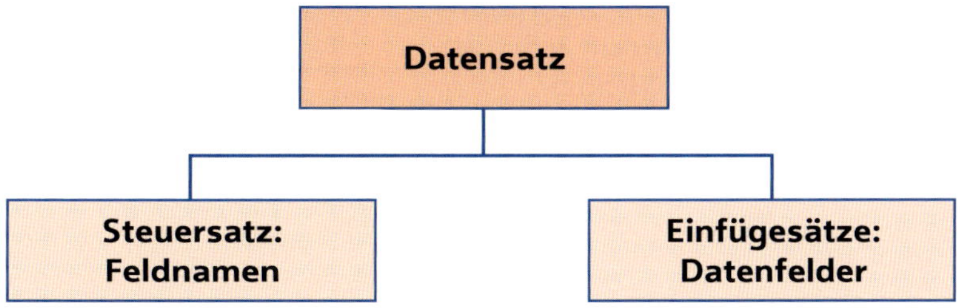

- In das Seriendruck-Hauptdokument werden die Feldnamen der Datenquelle eingefügt. Sind beide Dateien gespeichert, werden beide Dateien in einem besonderen Vorgang verbunden. Die Serienbriefe können in einer neuen Datei zusammengeführt werden oder direkt als Serienbriefe ausgedruckt werden.

Seriendruck-Hauptdokument

Datenquelle

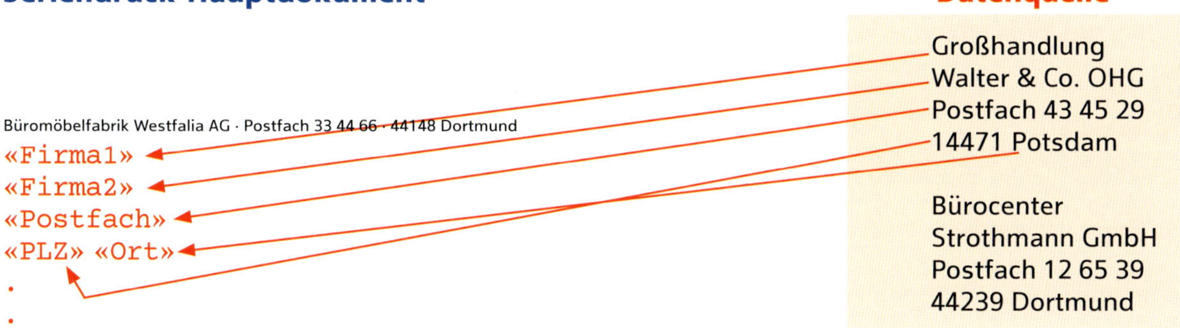

Erstellen einer Datenquelle

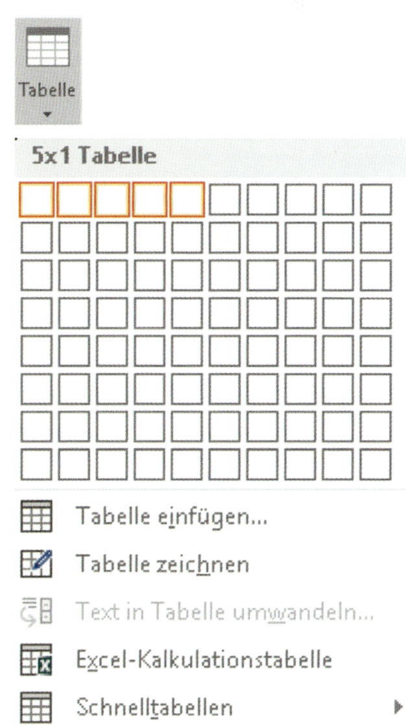

- Die Datenquelle erstellen Sie über das Register **Einfügen – Tabelle**. Nachdem Sie das Symbol **Tabelle** angeklickt haben, öffnet sich ein Fenster mit Kästchen. Sie klicken hier die Anzahl der gewünschten Spalten an. Es erscheint nun ein Gitternetz auf dem Bildschirm. Mit der 1. Spaltenüberschrift müssen Sie in der 1. Zeile beginnen, weil die Spaltenüberschriften sonst nicht als Feldnamen erkannt werden. Nachdem Sie die Datenquelle erstellt haben, speichern Sie diese.

Arbeitsablauf

Einfügen – Tabelle – Kästchen für die Anzahl der Spalten anklicken – Tabelle erfassen – Speichern

Seriendruck starten

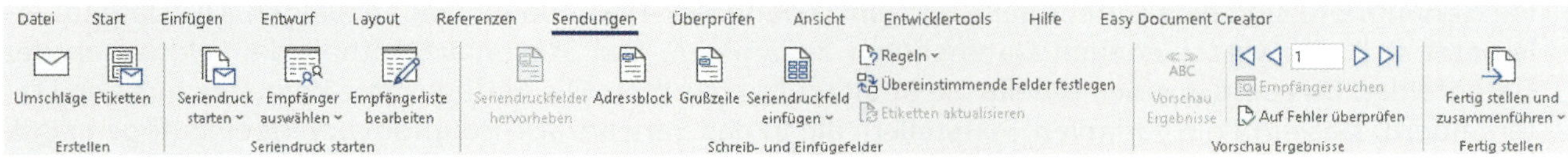

- In dem Register **Sendungen** klicken Sie **Seriendruck starten** an. Es öffnet sich nun ein Auswahlfenster, in dem Sie **Briefe** anklicken.

Datenquelle öffnen

- Um die Datenquelle zu öffnen, klicken Sie **Empfänger auswählen** an. Da Sie die Datenquelle als Tabelle bereits erstellt haben, wählen Sie **Vorhandene Liste verwenden.** Sie rufen nun Ihre Datenquelle auf.

Arbeitsablauf

Sendungen – Seriendruck starten – Briefe – Empfänger auswählen – Vorhandene Liste verwenden – Ordner anklicken – Dateinamen auswählen – OK

Seriendruckfelder einfügen

- Ist die Datenquelle geöffnet, erfassen Sie das Seriendruck-Hauptdokument. Wollen Sie Seriendruckfelder in das Seriendruck-Hauptdokument einfügen, klicken Sie in der Gruppe **Schreib- und Einfügefelder** die Funktion **Seriendruckfeld einfügen** an.

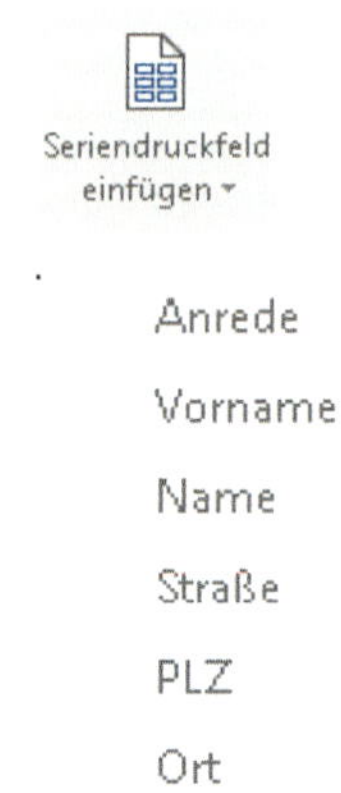

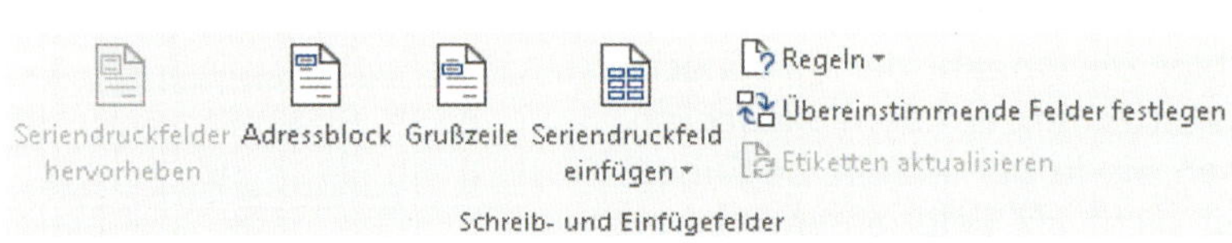

- Es erscheinen nun alle Seriendruckfelder. Sie klicken das gewünschte Seriendruckfeld an.

Arbeitsablauf

Sendungen – Seriendruckfeld einfügen – Feldnamen anklicken

Einfügen von Bedingungsfeldern

- Sollen bestimmte Angaben für die Empfänger des Serienbriefes unterschiedlich sein, fügen Sie Bedingungsfelder ein. Auf diese Weise reden Sie beispielsweise Männer und Frauen unterschiedlich an oder bieten bestimmten Gruppen von Empfängern unterschiedliche Artikel an.
- Zum Einfügen von Bedingungsfeldern klicken Sie im Register **Sendungen** der Gruppe **Schreib- und Einfügefelder** die Funktion **Regeln** an. Es öffnet sich ein Fenster, in dem Sie **Wenn ... Dann ... Sonst ...** aktivieren. Nun wählen Sie den Feldnamen aus und geben ein Vergleichswort ein. Unter „Dann diesen Text einfügen" und unter „Sonst diesen Text einfügen" setzen Sie den gewünschten Text ein.

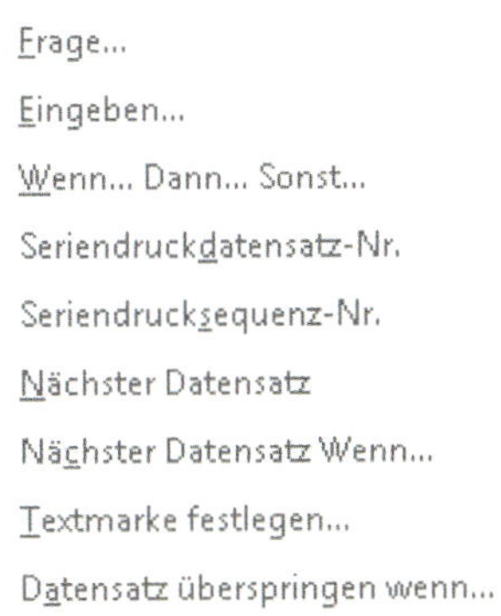

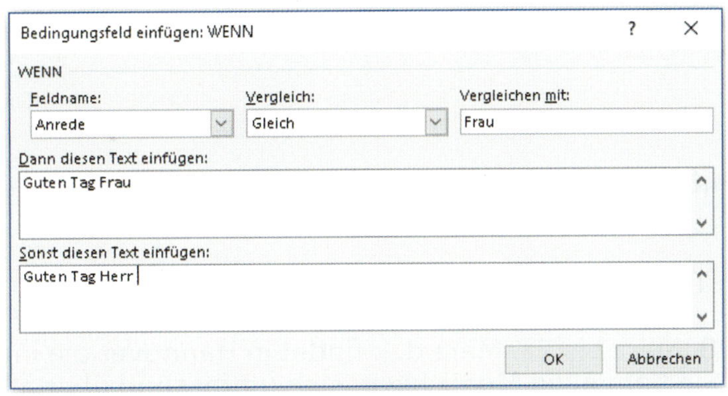

Arbeitsablauf

Sendungen – Regeln – Wenn ... Dann ... Sonst ... – Feldnamen wählen –

Text unter „Vergleichen mit:" einsetzen – Text unter „Dann diesen Text einfügen:" eingeben –

Text unter „Sonst diesen Text einfügen:" eingeben – OK

Fertigstellen und zusammenführen

- Zum Erstellen des Serienbriefes müssen Sie die Datenquelle mit dem Seriendruck-Hauptdokument verbinden. Bei diesem Vorgang werden an den Stellen für die Seriendruckfelder im Seriendruck-Hauptdokument die Datenfelder aus der Datenquelle eingefügt. Bevor Sie den Befehl dazu eingeben, können Sie unter „Vorschau Ergebnisse" die einzelnen Briefe betrachten. Um die Dateien dann endgültig zu verbinden, wählen Sie im Register **Sendungen** die Funktion **Fertigstellen und zusammenführen** sowie **Einzelne Dokumente bearbeiten.** Es erscheint dann ein Fenster auf dem Bildschirm, in dem Sie Datensätze auswählen können. Haben Sie die Datensätze ausgewählt, erscheinen die verbundenen Dateien als neue Datei „Serienbriefe" auf dem Bildschirm.

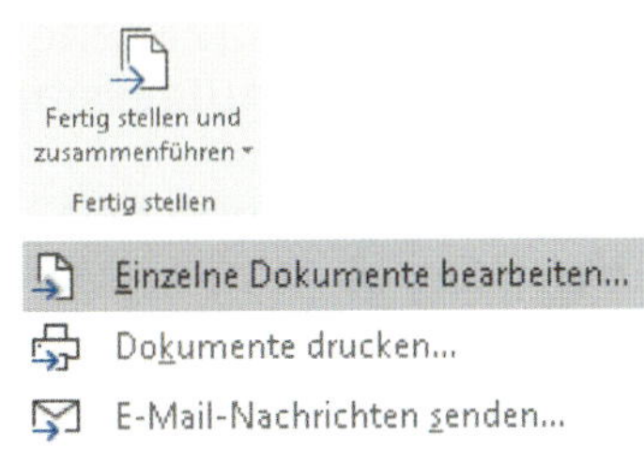

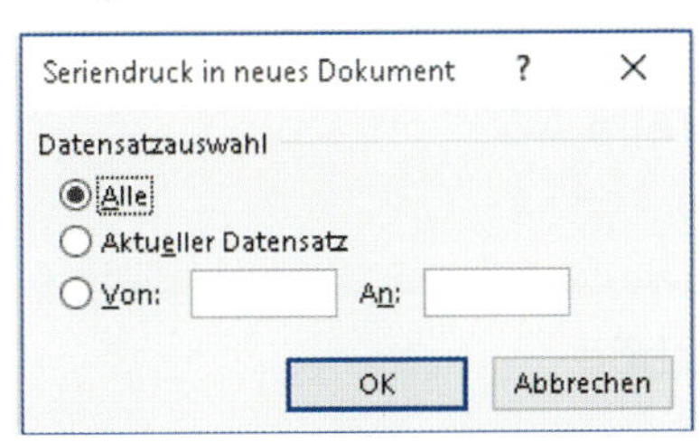

Arbeitsablauf

Sendungen – Fertigstellen und zusammenführen – Einzelne Dokumente bearbeiten –

Datensätze auswählen – OK

Aufgabe

Legen Sie die Datenquelle an und speichern Sie unter dem Dateinamen ***Anschriften.***

Firma1	Firma2	Postfach	PLZ	Ort
Großhandlung	Strothmann GmbH	12 65 39	44239	Dortmund
Bürocenter	Westermann OHG	79 39 21	53111	Bonn
Büroservice	Wilhelm Kempin KG	79 39 21	26133	Oldenburg
Bürozentrum	Neumann & Co. GmbH	38 39 96	06126	Halle
Bürohaus	Schneider KG	54 82 98	01219	Dresden

Büromöbelfabrik Westfalia AG

10 cm vom linken Rand

Mitarbeiterin: Eva Schön
Abteilung: Marketing

Telefon: 0231 435-198
Telefax: 0231 435-100
E-Mail: schoen@westfalia-wvd.com
Internet: www.westfalia-wvd.com

Datum: 20..-02-25

Büromöbelfabrik Westfalia AG · Postfach 33 44 66 · 44148 Dortmund
«Firma1»
«Firma2»
Postfach «Postfach»
«PLZ» «Ort»

Büromöbelmesse in Hannover

Guten Tag, sehr geehrte Damen und Herren,

vom 20. März bis 27. März d. J. findet in Hannover die internationale Büromöbelmesse statt. Sie haben die Möglichkeit, sich umfassend über alle neuen Produkte zu informieren. Nutzen Sie also diese Gelegenheit!

Neben anderen Produkten präsentieren wir Ihnen unseren neuesten Bürostuhl

ERGONOM SPEZIAL.

Dieser ergonomisch hervorragend gestaltete Bürostuhl passt sich einmalig dem menschlichen Körper an. Die Sitzfläche und die geteilte Rückenlehne lassen sich optimal den Sitzbedürfnissen des Benutzers anpassen.

Überzeugen Sie sich von den Vorzügen des **ERGONOM SPEZIAL** auf unserem Messestand 275 in der Halle 3. Auf Ihr Urteil sind wir schon sehr gespannt.

Freundliche Grüße

Büromöbelfabrik
Westfalia AG

i. A.

Eva Schön

Geschäftsräume
Behringstraße 255
44225 Dortmund

Telefon
0231 435-0

E-Mail
info@westfalia-wvd.com

Sparkasse Dortmund
IBAN: DE42 4405 0199 0003 4672 16
BIC: DORTDE33XXX

Vorsitzender des Aufsichtsrates: Dr. Walter Vogel · Vorsitzender des Vorstandes: Dr. Heinz Krause · Vorstand: Eva Schulze
Sitz der Gesellschaft Dortmund · Handelsregister B Nr. 2345 beim Amtsgericht Dortmund

731690

Lernsituationen

Informationen über das Schreibtischprogramm ERGOPLUS

Als Mitarbeiter(in) der Büromöbelfabrik Westfalia AG informieren Sie Ihre Händlerkunden über das neue Schreibtischprogramm ERGOPLUS.

Das modulare Schreibtischsystem ERGOPLUS ist ausgerichtet auf die individuellen Anforderungen der Büroumgebung sowie funktionell und flexibel einzusetzen. Die Möbel sind dem menschlichen Bewegungsapparat angepasst und schaffen auf diese Weise optimale Arbeitsbedingungen.

Das Schreibtischsystem ERGOPLUS orientiert sich an dem wachsenden Bedarf des Marktes nach räumlicher Flexibilität, Funktionalität und optimierter Raumausnutzung sowie ergonomischen Ansprüchen. Der Kunde hat die Möglichkeit, das Schreibtischmöbelprogramm seinen individuellen Vorstellungen einer optimalen Bürolandschaft anzupassen. Die Arbeitsfläche lässt sich in 20-mm-Schritten in der Höhe von 680 bis 760 mm einstellen. Das Schreibtischsystem liefern Sie in den Farben Ahorn, Buche, Kirschbaum oder Grau.

Sie fügen dem Informationsschreiben eine Broschüre bei.

Aufgabe

Sie richten das Angebot an diese Händler:

Firma1	Firma2	Anrede	Vorname	Name	Postfach	PLZ	Ort
Bürosysteme	Hubert GmbH	Frau	Silvia	Klein	52 23 19	80634	München
Bürobedarf	DATABIT GmbH	Herrn	Thomas	Abele	37 18 52	70469	Stuttgart
Büro der Zukunft	Meyer GmbH	Frau	Anke	Schmidt	21 68 65	39104	Magdeburg

Angebot der Ledergarnitur HAVANNA

Als Mitarbeiter(in) des Möbelhauses Schönborn GmbH bieten Sie Ihren Kunden die Ledergarnitur HAVANNA aus einem Zweisitzer-Sofa und einem Sessel zum Vorzugspreis von 2.398,00 € an.

Eine gewölbte Rückenpartie und das markante Kopfpolster sorgen für ein bequemes Sitzen. Das Kopfpolster lässt sich stufenlos verstellen. Das Sofa verfügt über zwei Funktionsplätze. Durch leichten Körperdruck wird der Einzelsitz in die Relaxstellung gebracht. Die Fußstütze fährt selbsttätig aus, während sich der Rücken in die erste Liegestufe senkt. Die zweite Stufe führt dazu, dass Fußstütze und Rücken sich weiterbewegen. Bequemer geht es nicht.

Die Polstergarnitur ist in 800 Stoffen und 100 Ledern lieferbar. Aus unterschiedlichsten Qualitäten und einem großen Farbspektrum wählt der Kunde die Bezüge aus, die zu seinem Umfeld am besten passen.

Sie fordern die Kunden auf, sich die Garnitur einmal anzusehen.

Aufgabe

Bieten Sie diesen Kunden die Ledergarnitur HAVANNA an:

Anrede	Beruf	Vorname	Name	Straße	PLZ	Ort
Frau	Architektin	Tanja	Daubert	Krumhörnweg 28	28259	Bremen
Herrn	Kaufmann	Thomas	Sommer	Rilkeweg 28 // 3. Stock	28355	Bremen
Frau	Studienrätin	Silke	Dahlmann	Werderstraße 5	28199	Bremen
Herrn	Regierungsrat	Sven	Groneberg	Stellinger Weg 28	20255	Hamburg
Frau	Apothekerin	Michaela	Hoffmann	Theodor-Heuss-Platz 5	20354	Hamburg
Herrn	Verleger	Ulrich	Müller	Überseering 45 // W 5	22297	Hamburg
Frau	Lehrerin	Sabine	Schäfer	Lutherstraße 28	24114	Kiel

Bearbeiten der Datenquelle und Empfänger auswählen

- Bevor Sie die Datenquelle mit der Serientextdatei verbinden, können Sie die Datensätze noch bearbeiten oder die Empfänger nach verschiedenen Kriterien, z. B. nach dem Wohnort, auswählen. Diesen Vorgang bezeichnet man als „Filtern von Datensätzen". Zu diesem Zweck aktivieren Sie im Register **Sendungen** der Gruppe **Seriendruck starten** die Funktion **Empfängerliste bearbeiten.**

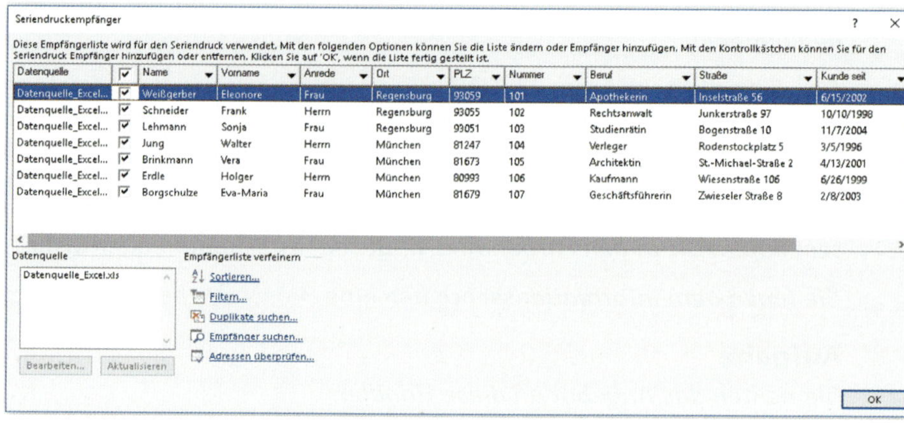

- Es öffnet sich ein Fenster zum Bear-beiten oder Auswählen der Datensätze. Sie klicken zuerst die Spaltenüberschrift zum Auswählen der Feldnamen an und danach die gewünschten Felder. Der Pfeil neben dem Feldnamen ist blau markiert. Die ausgewählten Datensätze stehen nun unter dem jeweiligen Feldnamen. Sollen für einen neuen Serienbrief alle Datensätze wieder erscheinen, klicken Sie den Pfeil neben dem Feldnamen an. Es ist auch möglich, in der ersten Spalte die Datensätze vollständig zu löschen oder hinzuzufügen.

Arbeitsablauf

Sendungen – Empfängerliste bearbeiten – Datensätze anklicken oder in der Spaltenüberschrift ...

... hinter dem Feldnamen den Pfeil anklicken – Datenfelder auswählen – OK

Lernsituation

Angebot eines Notebooks

Als Mitarbeiter(in) der Bürosysteme Bergmann GmbH bieten Sie den Kunden ein leistungsstarkes Notebook an.

Das 35 mm flache und 2,4 kg schwere ***Notebook NT 2010*** *verfügt über einen Hochleistungsakku und über einen 24-Zoll-Bildschirm. Der Arbeitsspeicher RAM hat eine Speicherkapazität von 4096 MB. Die Festplatte kann Daten in einem Umfang von 1000 GB aufnehmen. Über einen drahtlosen Netzwerkzugang kann der Nutzer jederzeit Informationen aus dem Internet abrufen und E-Mails empfangen. Über den hervorragenden Bildschirm können sogar Fernsehsendungen empfangen werden. Der Preis beträgt nur 698,00 €.*

Aufgaben

Informieren Sie die Kunden über das Angebot. Stellen Sie die besonderen Vorzüge des Notebooks heraus. Wählen Sie die Feldnamen selbst aus. Senden Sie den Serienbrief nur an die Empfänger in Chemnitz.

Frau Nicole Peters August-Bebel-Straße 2 06108 Halle	Herrn Stefan Brinkmann Ludwig-Stur-Straße 11 06108 Halle	Frau Silvia Schönborn Heinrich-Heine-Straße 7 09131 Chemnitz
Herrn Thomas Westermann Rudolf-Krahl-Straße 25 09116 Chemnitz	Frau Beate Sommer Schubertstraße 68 09119 Chemnitz	Herrn Mark Schreiber Curt-Böhme-Straße 45 07552 Gera

Tipps zum Formulieren eines Werbeschreibens

Stellen Sie den Kunden in den Mittelpunkt

Wer heute Kunden gewinnen will, muss sie umwerben. Das bedeutet, dass Sie Ihre Formulierungen so wählen, dass sich der Kunde angesprochen fühlt. Fassen Sie Ihre Geschäftsbriefe persönlich, freundlich, prägnant und informativ ab. Denken Sie daran, dass jeder Geschäftsbrief ein Werbebrief für Ihr Unternehmen ist.

Erzeugen Sie durch eine interessante Einleitung Aufmerksamkeit und rufen Sie Interesse hervor

Gerade in Werbebriefen ist es wichtig, beim Empfänger Interesse zu wecken. Darum kommt der Einleitung eine besondere Bedeutung zu. Wählen Sie darum eine spannende Einleitung, in der Sie den Kunden für das neue Produkt „sensibilisieren". Dazu können Sie auch Fragen stellen, die der Kunde mit „ja" beantworten muss. Bedenken Sie immer: Nicht Ihr Unternehmen steht im Vordergrund, sondern der Kunde. Verwenden Sie darum kundenorientierte Formulierungen. Reden Sie ihn mit „Sie" und „Ihnen" an.

Überzeugen Sie durch Argumente

Überzeugen Sie den Empfänger durch Argumente. Das übertriebene Anpreisen von Produkten führt oft nicht zum gewünschten Erfolg. Ist der Empfänger von den Vorzügen eines Artikels überzeugt, wird er ihn auch kaufen.

Gewinnen Sie Sympathien

Formulieren Sie so, dass Sie Sympathien gewinnen. Mit unkomplizierten und persönlichen Briefen werden Sie sicher Pluspunkte sammeln. Einfache und verständliche Sätze machen es dem Empfänger leicht, Sie gleich zu verstehen. Oder schätzen Sie Briefe, die Sie mehrmals lesen müssen, um den Absender zu verstehen?

Bilden Sie Fragesätze

Wollen Sie Ihren Brief lebendiger gestalten, dann formulieren Sie nicht nur Aussagesätze, sondern auch Fragesätze. Verfolgen Sie mit Ihren Formulierungen ein bestimmtes Ziel, dann stellen Sie Fragen, die der Empfänger bejahen muss. Wenn der Empfänger einer Frage zustimmt, zeigt er Interesse und liest den Brief weiter. Ihre Formulierungen entscheiden über den Erfolg. Seien Sie darum bei Ihrer Wortwahl psychologisch geschickt.

Formulieren Sie einen modernen Schlusssatz

Oft lesen Sie als Schlusssatz eines Geschäftsbriefes diesen Satz: *„Für weitere Fragen stehen wir Ihnen selbstverständlich gern zur Verfügung."* Ein solcher Satz dürfte den Empfänger des Briefes wenig ansprechen. Den Briefabschluss sollten Sie persönlich formulieren. Seien Sie darum psychologisch geschickt. Für welche Wortwahl Sie sich entscheiden, hängt von Ihrem Kommunikationspartner ab.

Lernsituation: Werbebrief

Als Mitarbeiterin der Büromöbelfabrik Westfalia AG informieren Sie verschiedene Händlerkunden über den Bürostuhl ERGOTOP 150 an.

Der Stuhl ist mit einer stufenlosen Sitzhöhenverstellung und einer ergonomisch geformten Rückenlehne ausgestattet, die sich optimal der Lendenwirbelsäule anpasst. Eine Beckenstütze sorgt für ein angenehmes Sitzen. Zum Auflegen der Arme sind Armlehnen vorhanden. Dem Angebot fügen Sie zwei Prospekte bei.

Die Bürostühle können Sie in spätestens 10 Tagen frei Haus liefern. Bei einer Abnahme von 10 Stühlen gewähren Sie einen Rabatt von 8 %.

Aufgabe

Bieten Sie diesen Kunden den Bürostuhl ERGOTOP 150 an:

Büro 2020 Krämer & Kurz OHG Postfach 23 45 21 46045 Oberhausen	Büroorganisation Metzger & Co. KG Postfach 35 78 20 46045 Oberhausen	Büromöbelhaus Becker GmbH Postfach 22 33 50 45127 Essen	Bürocenter Kaiser & Scholz GmbH Postfach 21 39 56 45127 Essen

Seriendruck starten

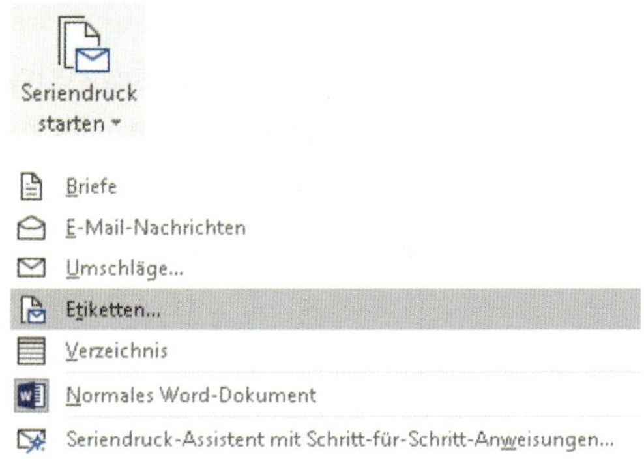

- In dem Register **Sendungen** klicken Sie **Seriendruck starten** an. Es öffnet sich nun ein Auswahlfenster, in dem Sie **Etiketten** anklicken. Es erscheint ein Fenster zum Auswählen des Etikettenherstellers und der Etikettennummer.

Datenquelle öffnen

- Um die Datenquelle zu öffnen, klicken Sie **Empfänger auswählen** an. Da Sie die Datenquelle als Tabelle bereits erstellt haben, wählen Sie **Vorhandene Liste verwenden.** Sie rufen nun Ihre Datenquelle auf.

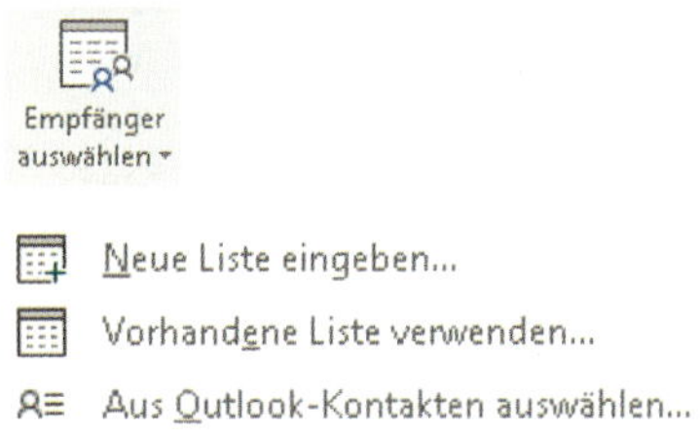

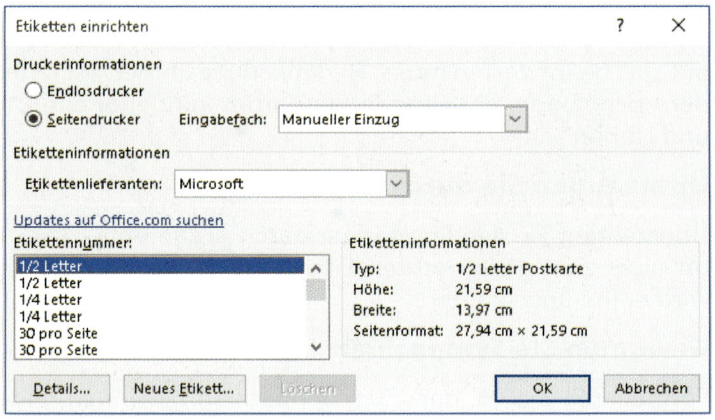

Seriendruckfelder einfügen

- Ist die Datenquelle geöffnet, fügen Sie in das Seriendruck-Hauptdokument die Seriendruckfelder ein. Dazu klicken Sie in der Gruppe **Schreib- und Einfügefelder** die Funktion **Seriendruckfeld einfügen** an.

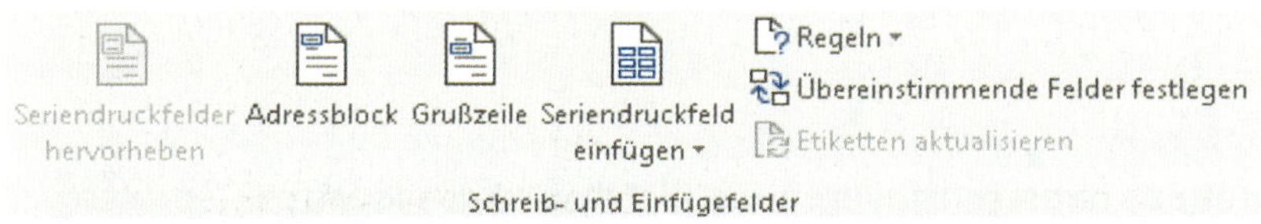

- Es erscheinen nun alle Seriendruckfelder untereinander. Sie klicken zunächst das gewünschte Seriendruckfeld an und danach **Etiketten aktualisieren.**

Fertigstellen und zusammenführen

- Zum Erstellen der Etiketten müssen Sie die Datenquelle mit dem Seriendruck-Hauptdokument, das die Seriendruckfelder enthält, verbinden. Zu diesem Zweck wählen Sie im Register **Sendungen** die Funktion **Fertigstellen und zusammenführen.** Es erscheint dann ein Fenster auf dem Bildschirm, in dem Sie Datensätze auswählen können. Nach der Auswahl der Datensätze erscheinen die verbundenen Dateien als neue Datei auf dem Bildschirm.

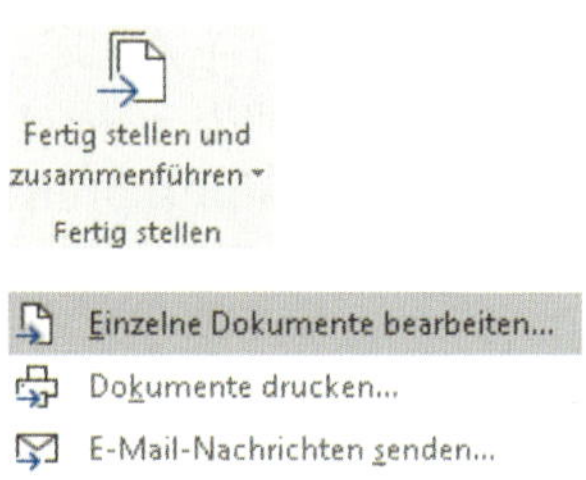

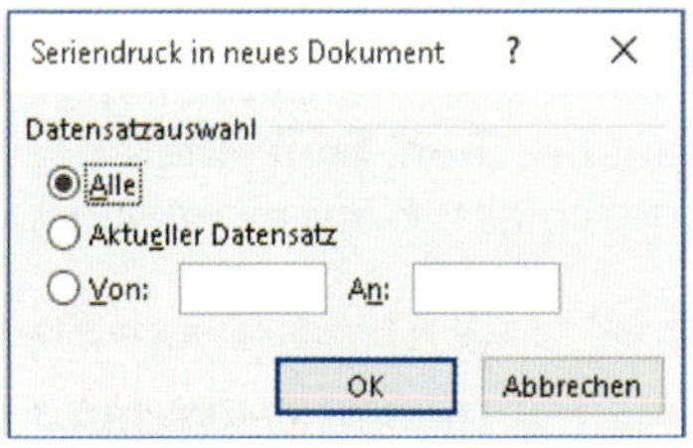

Arbeitsablauf

Sendungen – Seriendruck starten – Etiketten – Etikettenhersteller und Etikettennummer auswählen – Empfänger auswählen – Vorhandene Liste verwenden – Ordner anklicken – Dateinamen auswählen – Öffnen – Sendungen – Seriendruckfeld einfügen – Feldnamen anklicken – Etiketten aktualisieren – Sendungen – Fertigstellen und zusammenführen – Einzelne Dokumente bearbeiten – Datensätze auswählen – OK

Aufgabe

a) Legen Sie eine Datenquelle für den Etikettendruck mit diesen Feldnamen an:

Anrede – Beruf – Titel – Titel2 – Vorname – Name – Straße – PLZ – Ort

b) Speichern Sie die Datenquelle unter dem Dateinamen ***Etikett****.*

c) Wählen Sie das passende Etikett aus und führen Sie die Dateien zusammen.

Frau Dr. Stefanie Schmale Birkenhof 34 90478 Nürnberg	Herrn Thomas Büchler Hessenstraße 43 04299 Leipzig	Herrn Dipl.-Hdl. Hans Biermann Laatzener Straße 121 30539 Hannover
Herrn Verleger Dipl.-Ing. Wolfgang Rolf Bäckerstraße 73 30169 Hannover	Herrn Direktor Prof. Hans Tillmann Lindenberg 7 99425 Weimar	Frau Dipl.-Päd. Dagmar Seitz Budapester Straße 98 90459 Nürnberg
Frau Dr. Gabriele Groß Nordstraße 29 04105 Leipzig	Frau Nicole Wallmann Bornholmer Weg 20 30457 Hannover	Herrn Martin Schreiber Marktstraße 30 99423 Weimar
Herrn Dr. Eckhard Löffler Distelweg 39 22339 Hamburg	Frau Monika Lütke Kieler Straße 23 24768 Rendsburg	Herrn Dipl.-Ing. Hans Meiners Lange Straße 123 23795 Bad Segeberg
Herrn Rechtsanwalt Dr. Peter Petersen Küsterstieg 5 21079 Hamburg	Herrn Direktor Prof. Stefan Stange Hamburger Straße 15 21614 Buxtehude	Frau Dipl.-Päd. Ellen Franke Mittelweg 18 21682 Stade
Frau Dr. Sonja Fleischer Nordstraße 29 25348 Glückstadt	Frau Nicole Bergmann Primelweg 21 22339 Hamburg	Herrn Frank Schreiber Marktstraße 30 25524 Itzehoe
Herrn Elvira Brinkmann Birnenweg 25 28219 Bremen	Herrn Staatsanwalt Dr. Heinz Stratmann Europaring 128 26389 Wilhelmshaven	Frau Ina Balzer Rummelweg 37 26122 Oldenburg
Frau Studienrätin Dipl.-Hdl. Ellen Schöne Huder Straße 53 28197 Bremen	Herrn Verleger Christian Eickhoff Schwabenstraße 22 27749 Delmenhorst	Frau Dipl.-Kffr. Eva Wiemer Oldenburger Straße 10 49661 Cloppenburg

Beschriften von Umschlägen

- Zum Beschriften von Briefhüllen rufen Sie das Register **Sendungen** auf. Hier klicken Sie in der Gruppe **Erstellen** die Funktion **Umschläge** an. Es erscheint ein Fenster, in dem Sie zunächst die Empfängeranschrift und danach die Absenderanschrift einsetzen. Zum Auswählen des Formates aktivieren Sie **Optionen.** Hier stellen Sie auch die Schrifttart ein. Damit die Beschriftung auf dem Bildschirm erscheint, klicken Sie die Schaltfläche **Zum Dokument hinzufügen** an. Absender- und Empfängeranschrift erscheinen nun auf dem Bildschirm.

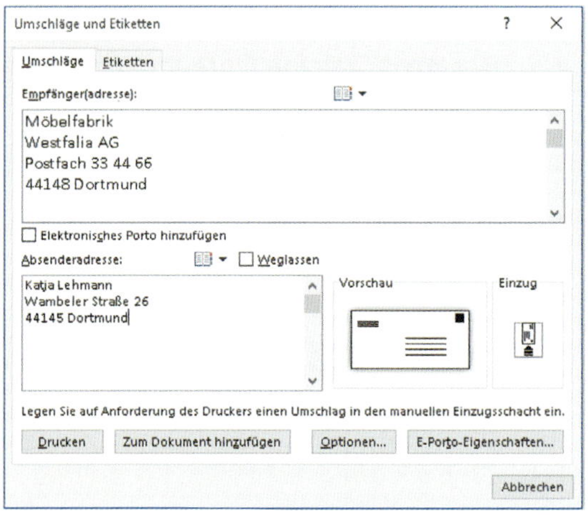

Arbeitsablauf

Sendungen – Umschläge – Empfängeranschrift eingeben – Absenderanschrift eingeben – Optionen – Umschlagformat wählen – Schriftart einstellen – OK

Erstellen von Etiketten

- Auch das Erstellen von Etiketten geschieht über das Register **Sendungen.** Sie klicken in der Gruppe **Erstellen** auf **Etiketten,** in der Sie die Anschrift des von Ihnen gewünschten Etikettes eingeben. Haben Sie die Anschrift erfasst, wählen Sie unter **Optionen** den Etikettenhersteller und die Etikettennummer aus. Die Eingabe schließen Sie mit OK ab. Nun befinden Sie sich wieder in der Ausgangsdialogbox. Hier klicken Sie **Neues Dokument** an.

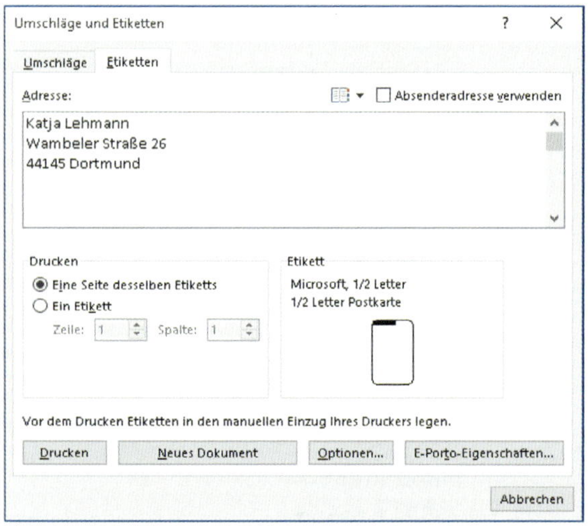

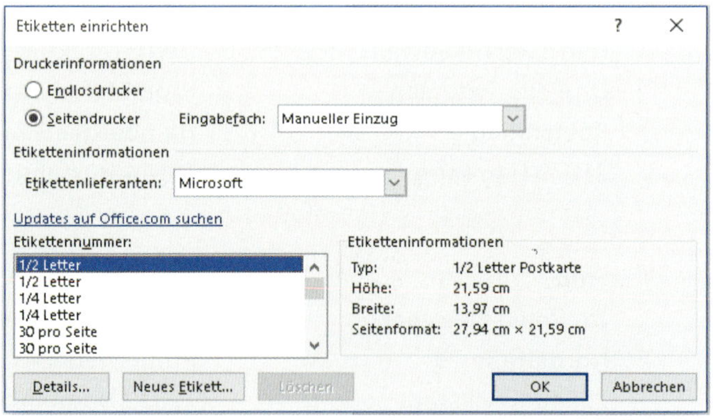

- Auf dem Bildschirm erscheinen die Etiketten. Sie haben noch die Möglichkeit, Formatierungen vorzunehmen. So können Sie beispielsweise die Etiketten zentrieren.

Arbeitsablauf

Sendungen – Etiketten – Anschrift eingeben – Optionen – Etikettenhersteller und Etikettennummer wählen – OK – Neues Dokument – Evtl. weitere Formatierungen vornehmen

Aufgabe

Erstellen Sie für den Vorsitzenden des Vorstandes der Büromöbelfabrik Westfalia AG, Herrn Dr. Heinz Krause, Telefon: 0231 435-150, Mobil: 0177 459356, Behringstraße 255, 44225 Dortmund, eine Visitenkarte.

Aufzeichnen von Makros

- Zum Aufzeichnen von Makros klicken Sie in dem Register **Entwicklertools** in der Gruppe Code die Funktion **Makro aufzeichnen** an. Sie geben nun die Befehlsfolge ein, die Sie aufzeichnen möchten.
- Makros können Sie auch im Register **Ansicht** aufzeichnen.

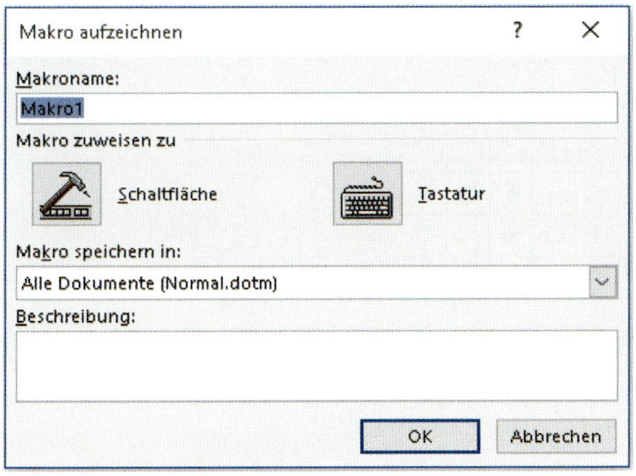

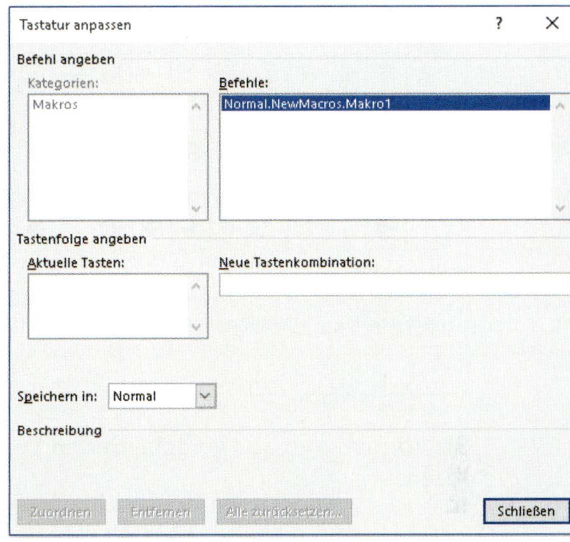

Arbeitsablauf

Entwicklertools – Makro aufzeichnen – Makronamen eingeben – Tastatur – Tastenkombination für Kurzbefehl (Shortcut) wählen – Zuordnen – Schließen – Befehlsfolge für Makro eingeben

Aufzeichnung beenden

- Nachdem Sie die Befehlsfolge für das Makro eingegeben haben, klicken Sie in dem Register **Entwicklertools** in der Gruppe **Code** auf **Aufzeichnung beenden** an.

Arbeitsablauf

Entwicklertools – Aufzeichnung beenden

Makros löschen

- Wollen Sie ein Makro löschen, klicken Sie im Register **Entwicklertools** in der Gruppe **Code** die Funktion **Makros** an. Sie klicken zuerst den Makronamen an und danach **Löschen.** Die Abfrage nach dem Löschen des Makros beantworten Sie mit **Ja.**

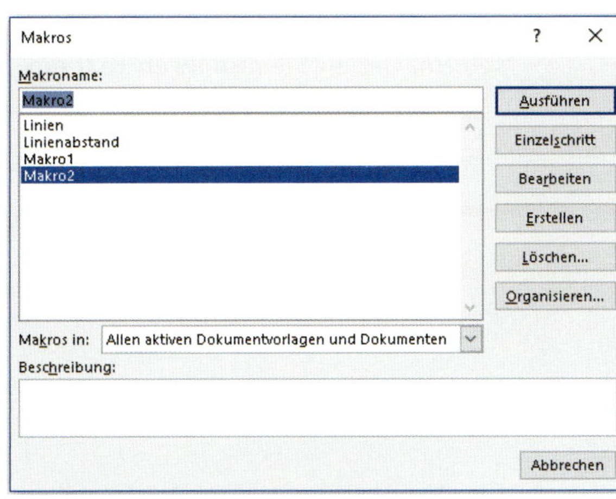

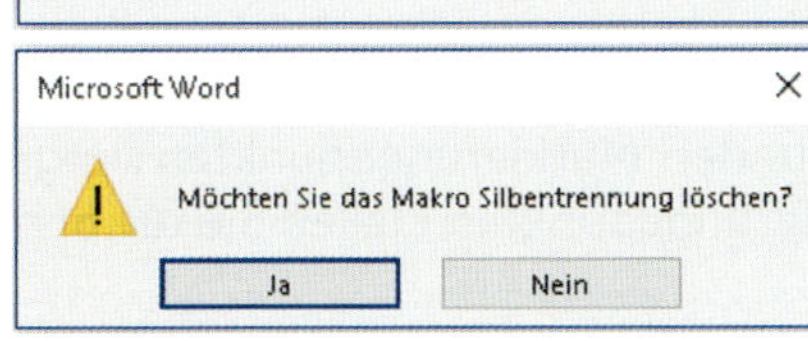

Arbeitsablauf

Entwicklertools – Makros – Makronamen markieren – Löschen – Ja – Schließen

Aufgabe

Erstellen Sie ein Makro für die Worttrennung mit dieser Befehlsfolge:

Seitenlayout – Silbentrennung – Manuell – Trennvorschläge prüfen und mit „ja" bestätigen – OK

Abrufen der Makros

- Mit dem Kurzbefehl (Shortcut), den Sie für das Makro eingegeben haben, rufen Sie das Makro ab.

Symbole

- Zum Einfügen von Sonderzeichen und Symbolen klicken Sie das Register **Einfügen** an. In der Gruppe **Symbole** aktivieren Sie **Symbol.** Wollen Sie andere Symbole als die angezeigten wählen, klicken Sie **Weitere Symbole** an.

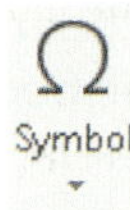

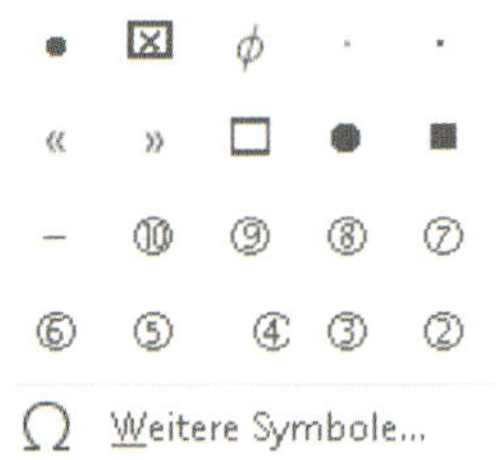

Sie können nun aus verschiedenen Verzeichnissen (Schriftart) das gewünschte Symbol abrufen.

Arbeitsablauf

Einfügen – Symbol – Weitere Symbole – Verzeichnis (Schriftart) auswählen – Symbol anklicken – Einfügen – Schließen

WordArt

- Textteile können Sie wirkungsvoll durch WordArt hervorheben. Zu diesem Zweck rufen Sie im Register **Einfügen** in der Gruppe Text die Option **WordArt** auf. Es erscheint ein Fenster mit verschiedenen Schriftbeispielen. Klicken Sie die gewünschte WordArt-Form an, erscheint die WordArt-Grafik auf dem Bildschirm. Geben Sie nun Ihren Text ein.

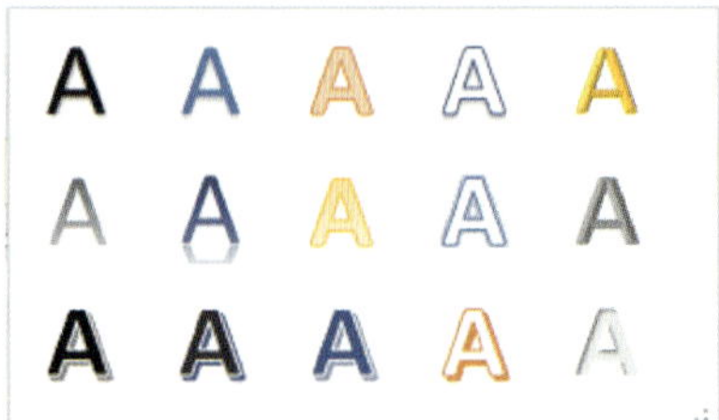

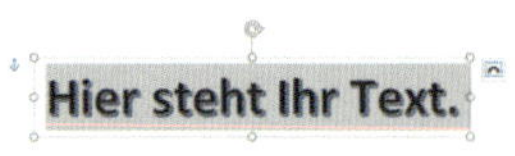

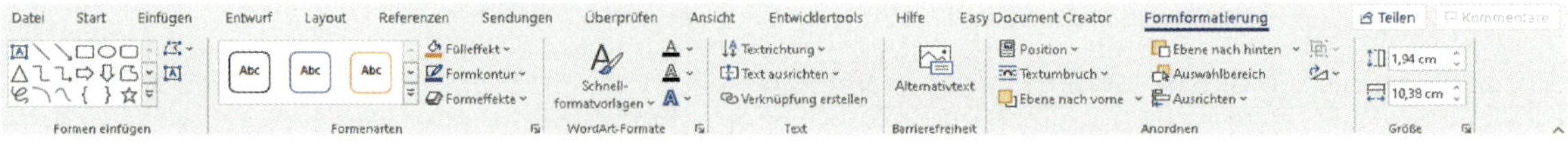

- Gleichzeitig mit der WordArt-Grafik erscheint das Register **Formformatierung.** Um die Größe oder Form der Grafik zu verändern, führen Sie den Mauszeiger auf die Markierungspunkte. An den runden Markierungspunkten vergrößern oder verkleinern Sie die Grafik, an den eckigen Markierungspunkten stellen Sie die Schrift enger, breiter, höher oder kleiner.

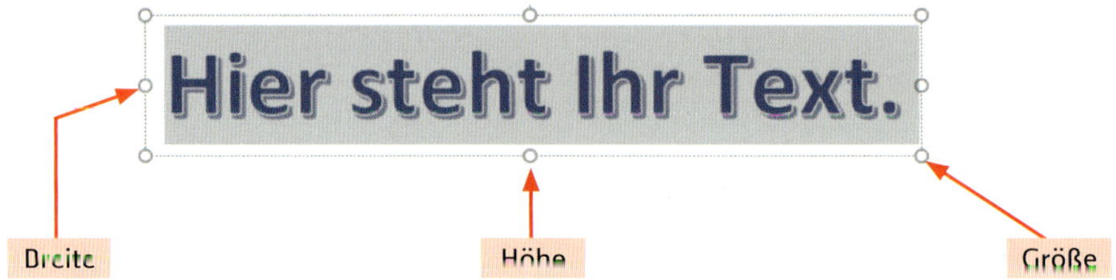

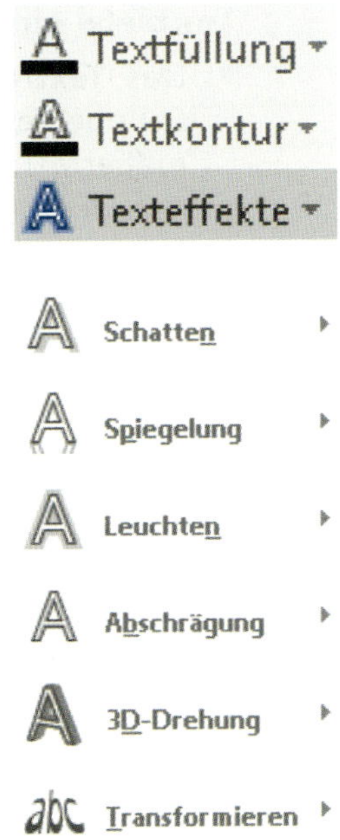

- Ist die Grafik noch markiert, klicken Sie in dem Register **Formformatierung** in der Gruppe **WordArt-formate** die **Texteffekte** an.
- Unter **Formenarten** im Register **Formformatierung** wählen Sie den unter **Fülleffekt** den Hintergrund der WordArt-Grafik aus. Hier legen Sie die Füllfarben fest, fügen ein Bild ein oder wählen die Struktur aus. Die Linienfarbe und die Linienart bestimmen Sie unter **Formkontur**. Unter **Formeffekte** haben Sie die Möglichkeit, für die Schrift Schatten, Spiegelungen, 3D-Drehungen und andere Effekte einzustellen.

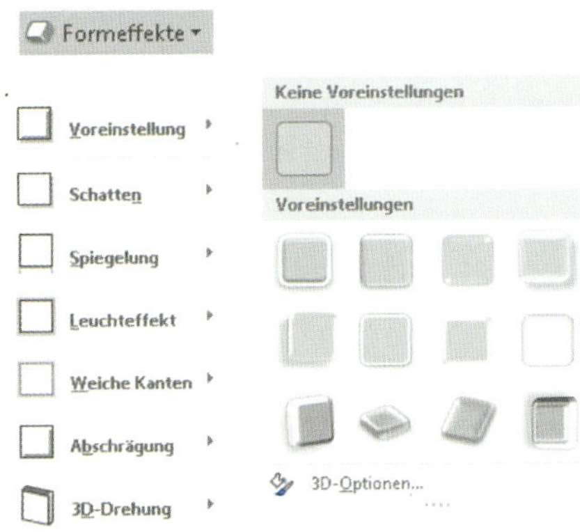

- Wollen Sie die Textrichtung verändern, klicken Sie im Register **Formformatierung** in der Gruppe **Text** die **Textrichtung** an. Sie entscheiden sich nun für die Richtung des Textes. Unter den Textrichtungsoptionen haben Sie auch eine Vorschaumöglichkeit.

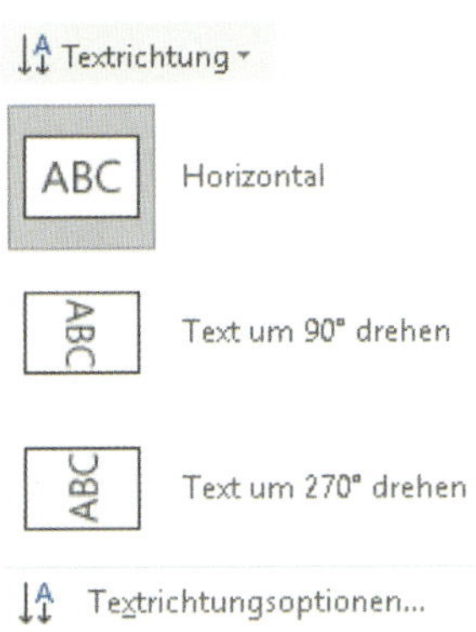

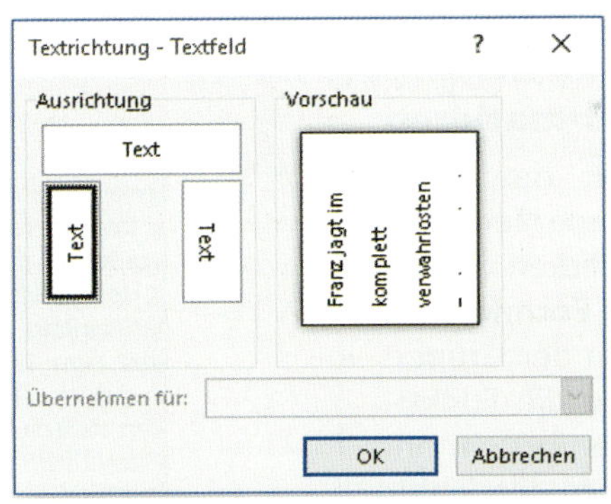

Arbeitsablauf

Einfügen – WordArt – Text eingeben – Formformatierung – Fülleffekt oder Formkontur oder Formeffekte – Textrichtung – gewünschte Textrichtung anklicken

Erstellen Sie diese WordArt-Formen:

Textfeld einfügen

- Das **Textfeld** rufen Sie über Register **Einfügen** der Gruppe **Text** auf. Es erscheinen verschiedene vorformatierte Textfelder. Sie klicken **Textfeld erstellen** an. Aus dem Mauszeiger wird ein Kreuz. Führen Sie das Kreuz an die Stelle, an der das Textfeld beginnen soll, und klicken Sie die linke Maustaste an. Ziehen Sie nun die Größe des Textfeldes. Wenn Sie einen Text erfasst haben, überdeckt das Textfeld einen Teil des Textes.

Größe des Textfeldes verändern oder das Textfeld verschieben

- Um die Größe oder die Form des Textfeldes zu verändern, führen Sie den Mauszeiger auf die Markierungspunkte des Textfeldes und klicken die linke Maustaste an. Sie können nun die Größe und die Proportionen des Textfeldes verändern.

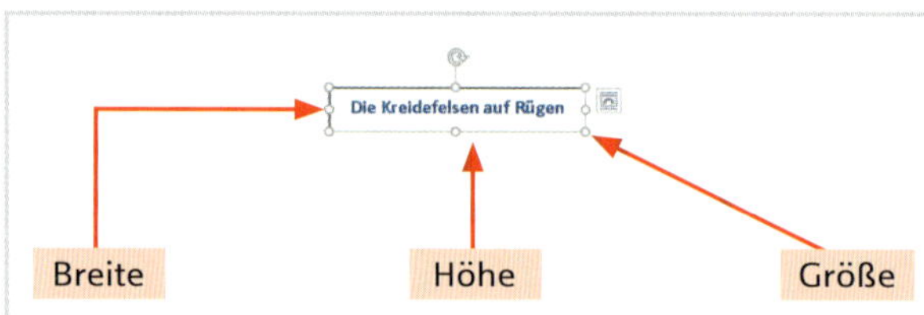

- Haben Sie das Textfeld markiert, können Sie im Register **Formformatierung** die Größe des Textfeldes verändern.
- Führen Sie den Mauszeiger zwischen zwei Markierungen, erscheint ein Kreuz mit Pfeilen. Klicken Sie die linke Maustaste an, können Sie das Textfeld verschieben.

Textfeld formatieren

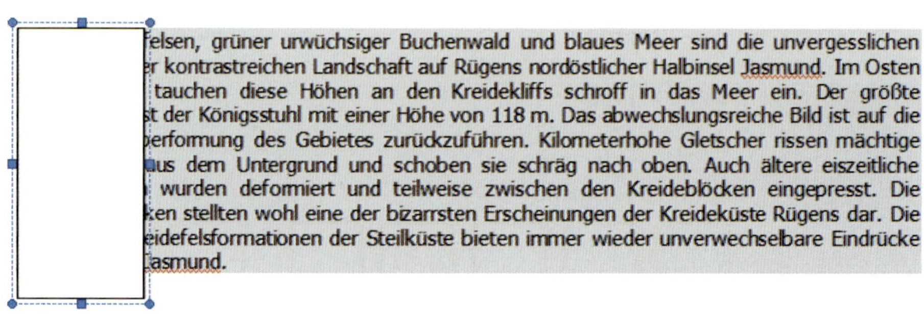

- Überdeckt das Textfeld einen Teil des Textes, klicken Sie im Register **Formformatierung** in der Gruppe **Anordnen** die Funktion **Textumbruch** an. Hier stellen Sie unter **Weitere Layoutoptionen** die Funktion **Passend** ein. Der Text umschließt dann das Textfeld. Dazu muss das Textfeld markiert sein.
- Um die Linien, die das Textfeld umschließen, zu entfernen, klicken Sie in dem Register **Formformatierung** in der Gruppe **Formenarten** den Pfeil hinter **Formkontur** an und stellen ein „keine Kontur“.

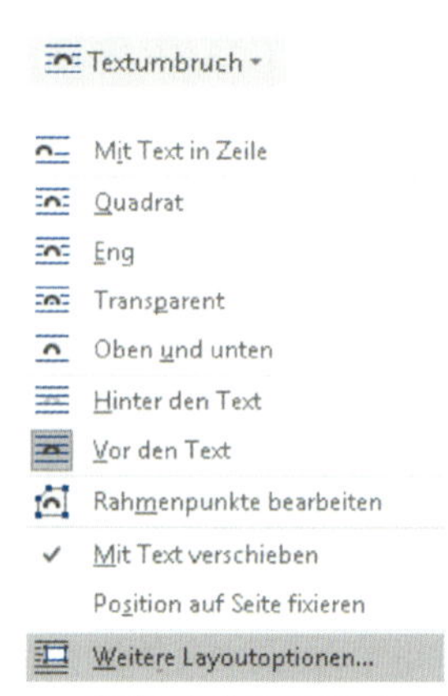

Textrichtung verändern

- Haben Sie das Textfeld markiert, können Sie in dem Register **Formformatierung** der Gruppe **Text** die Textrichtung verändern. Zu diesem Zweck klicken Sie **Textrichtung** an.

Arbeitsablauf

Einfügen – Textfeld – Textfeld erstellen –

Kreuz an die gewünschte Stelle führen und die linke Maustaste anklicken – Textfeld ziehen –

Größe des Textfeldes verändern oder das Textfeld verschieben – Textfeld markieren – Formformatierung –

Formkontur – Keine Kontur – Formformatierung – Textrichtung anklicken

Grafik einfügen

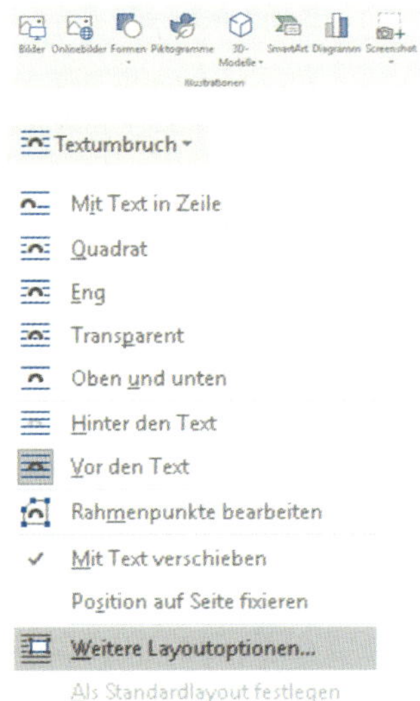

- Um eine Grafik in ein Word-Dokument einzufügen, aktivieren Sie in dem Register **Einfügen** in der Gruppe **Illustrationen** die Schaltflächen **Bilder** oder **Onlinegrafiken.** Wollen Sie ein Digitalfoto in den Text einbetten, klicken Sie **Bilder** an. Sie wählen nun den Ordner aus und geben den Dateinamen ein. Die Grafik (Bild) erscheint auf dem Bildschirm. Sie können nun das Bild positionieren, vergrößern oder verkleinern. Wenn sie nicht vollständig zu sehen ist, klicken Sie im Register **Formformatierung** der Gruppe **Anordnen** die Schaltfläche **Textumbruch** an. Unter **Weitere Layoutoptionen** stellen Sie **Passend** ein. Der Text umschließt dann das Textfeld. Dazu muss das Textfeld markiert sein.

Arbeitsablauf

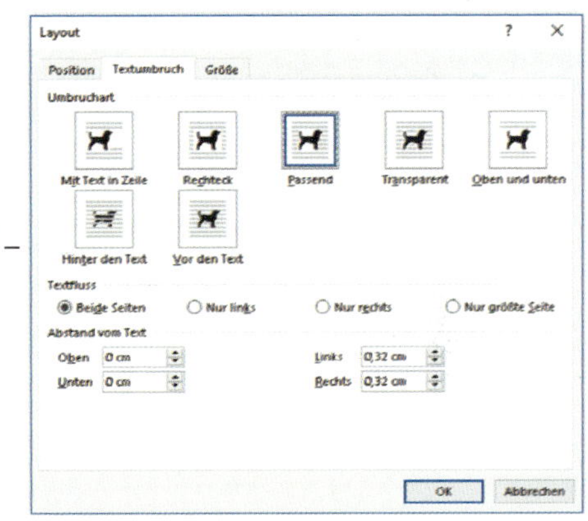

Einfügen – Bilder oder Onlinegrafiken – Ordner wählen –

Dateinamen anklicken – Einfügen –

Grafik positionieren, vergrößern oder verkleinern – Grafik markieren –

Formformatierung – Textumbruch –

Weitere Layoutoptionen: Passend

Aufgabe

Erfassen Sie den Text und fügen Sie auf der linken Seite ein Textfeld ein. Beschriften Sie das Textfeld, indem Sie die Schrift vertikal anordnen. Nehmen Sie anschließend die Worttrennung (Silbentrennung) vor. Fügen Sie auf der rechten Seite ein Bild der Insel Rügen ein. Sie finden das Bild auf der CD. Wählen Sie für den Hintergrund des Textes und des Textfeldes eine unterschiedliche Schattierung. Stellen Sie den Blocksatz ein.

Die Kreidefelsen auf Rügen

Königsstuhl

Weiße Kreidefelsen, grüner urwüchsiger Buchenwald und blaues Meer sind die unvergesslichen Eindrücke einer kontrastreichen Landschaft auf Rügens nordöstlicher Halbinsel Jasmund. Im Osten der Halbinsel tauchen diese Höhen an den Kreidekliffs schroff in das Meer ein. Der größte Kreidefelsen ist der Königsstuhl mit einer Höhe von 118 m. Das abwechslungsreiche Bild ist auf die eiszeitliche Überformung des Gebietes zurückzuführen. Kilometerhohe Gletscher rissen mächtige Kreideblöcke aus dem Untergrund und schoben sie schräg nach oben. Auch ältere eiszeitliche Deckschichten wurden deformiert und teilweise zwischen den Kreideblöcken eingepresst. Die Wissower Klinken stellten wohl eine der bizarrsten Erscheinungen der Kreideküste Rügens dar. Die einmaligen Kreidefelsformationen der Steilküste bieten immer wieder unverwechselbare Eindrücke der Halbinsel Jasmund.

- Ist das Bild markiert, haben Sie die Möglichkeit, im Register **Bildformat** in der Gruppe **Bildformatvorlagen** Formatvorlagen für Bilder abzurufen. Sie können zwischen verschiedenen Formen des Rahmens und des Bildes wählen.

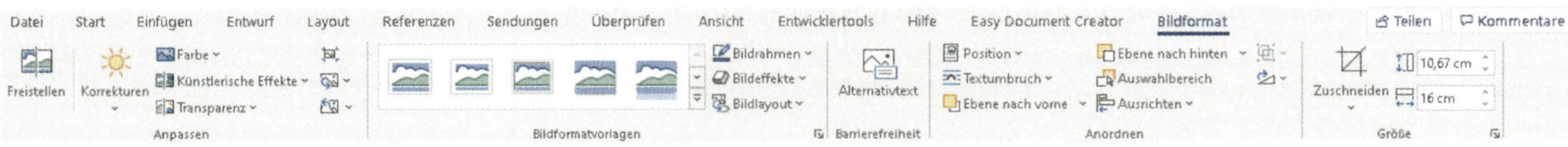

Beispiele für Formatvorlagen für Bilder:

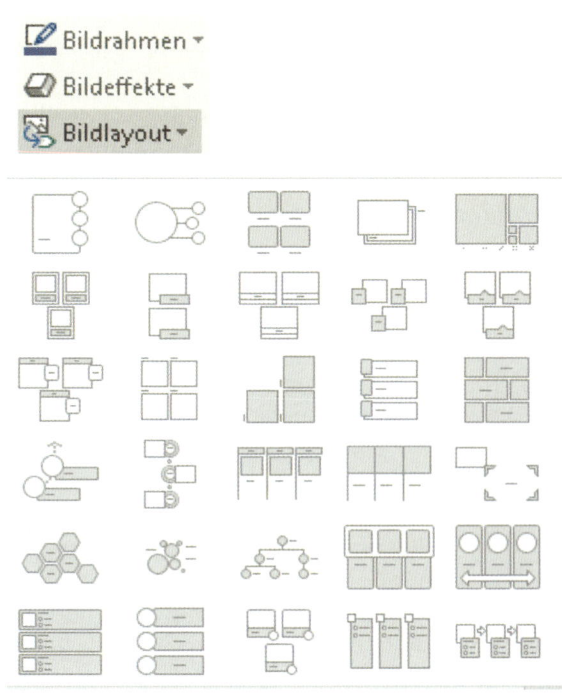

- Neben den Bildformatvorlagen für Bilder können Sie auch den Bildrahmen und Bildeffekte gesondert einstellen.
- Unter **Bildlayout** wählen Sie die Anordnung des Bildes und des Textes aus. Dazu haben Sie die nebenstehenden Auswahlmöglichkeiten.
- In DIN 5008 (Schreib- und Gestaltungsregeln für die Text- und Informationsverarbeitung) ist festgelegt, dass eine Abbildung mindestens 2 mm von dem angrenzenden Text abzusetzen ist. Dabei darf die Abbildung den Zeilenabstand nicht vergrößern.
- Abbildungen sollten eine Bildunterschrift haben. Zum besseren Erkennen sollten Sie durch eine kleinere Schrift, kursiv und zentriert hervorgehoben werden.

Aufgaben

1. *Erfassen Sie den Text in der Schriftart Courier New, Schriftgröße 12.*
2. *Stellen Sie nachträglich die Schriftart Tahoma, Schriftgröße 10, ein.*
3. *Ordnen Sie links das Bild von der CD in der Größe 3,5 x 5,5 cm an.*
4. *Versehen Sie das Bild mit einer Bildunterschrift, Schriftgröße 8. Heben Sie die Bildunterschrift durch Kursivschrift und durch Zentrieren hervor.*
5. *Nehmen Sie die Silbentrennung (Worttrennung) nachträglich vor.*
6. *Richten Sie den Text im Blocksatz aus.*
7. *Speichern Sie unter dem Dateinamen* **Oliver.**

Erfinder von Schreibmaschinen hatten viele Probleme zu lösen

Schreibmaschine Oliver

Bei manchen älteren Schreibmaschinen fielen die Typenträger von oben auf die Schreibwalze und machten auf diese Weise die Schrift sichtbar. Ein besonderes Problem, das die Erfinder lösen mussten, war die Anzahl der Schreibtasten. Wie viel Schreibtasten sollten vorhanden sein? Bei Volltastaturschreibmaschinen war für jedes Schriftzeichen ein Typenträger vorhanden. Die Schreibtasten waren in sieben Tastenreihen übereinander angeordnet. Dass sich solche Schreibmaschinen nicht für das Tastschreiben eigneten, versteht sich von selbst. Darum versuchte man, die Anzahl der Tasten zu verringern. Mit vier Tastenreihen wurden Schreibmaschinen hergestellt, die am Ende des Typenträgers zwei Schriftzeichen trugen, z. B. Klein- und Großbuchstaben. An heutigen Computertastaturen sind die Tasten in gleicher Weise angeordnet.

Aufgaben

1. *Erfassen Sie den Text mit der Schriftart Courier New, Schriftgröße 12.*
2. *Stellen Sie nachträglich die Schriftart Arial, Schriftgröße 10, ein.*
3. *Versehen Sie die Überschrift, Schriftgröße 14, mit einer Hintergrundschattierung und wählen Sie eine gelbe Schrift.*
4. *Ordnen Sie den Text in zwei Spalten an. Die rechte Spalte soll schmaler als die linke Spalte sein. Fügen Sie zwischen den Spalten eine Zwischenlinie ein.*
5. *Positionieren Sie am Anfang der linken Spalte das Foto von der CD. Das Foto soll 3,7 cm hoch und 5,5 cm breit sein.*
6. *Versehen Sie das Bild mit einer Bildunterschrift, Schriftgröße 8. Heben Sie die Bildunterschrift durch Kursivschrift und Zentrieren hervor.*
7. *Nehmen Sie die Silbentrennung (Worttrennung) nachträglich vor.*
8. *Wählen Sie für die Textausrichtung den Blocksatz.*
9. *Speichern Sie unter dem Dateinamen* ***Helgoland.***

Helgoland: Deutschlands einzige Hochseeinsel

Buntsandsteinfelsen mit der Langen Anna

An der deutschen Nordseeküste gibt es viele Inseln, doch keine von ihnen ist mit Helgoland vergleichbar. Rund 70 km vom Festland entfernt hebt sich der mächtige, rote Buntsandsteinfelsen mit grünem Land aus dem Wasser und präsentiert sich Ihnen mit einer einmaligen Flora und Fauna und einem milden, vom nahen Golfstrom begünstigten Hochseeklima. Helgoland ist ein einzigartiges Naturdenkmal, das keine Umweltprobleme kennt. Helgoland ist aber auch eine vielseitige Urlaubs- und Erlebnisinsel, Kurort und Heilbad zu allen vier Jahreszeiten.

Helgoland liegt in der Deutschen Bucht und gehört mit seinen rund 1400 Einwohnern zum Kreis Pinneberg im Bundesland Schleswig-Holstein. 1720 wurde die natürliche Verbindung zwischen Hauptinsel und Düne durch eine Sturmflut zerstört, sodass das Eiland heute aus der roten Buntsandsteinscholle mit Steilküste, die 61 m hoch aus dem Meer ragt, und einer kleinen, vorgelagerten Nachbarinsel, der Badedüne, besteht.

Einfügen einer Excel-Tabelle

Wollen Sie eine Excel-Tabelle in ein Word-Dokument einfügen, haben Sie zwei Möglichkeiten:

- Sie kopieren die Excel-Tabelle und fügen Sie in das Word-Dokument ein.
- Sie fügen die Excel-Tabelle in das Word-Dokument ein und nehmen gleichzeitig eine dynamische Verknüpfung vor.

Excel-Tabelle kopieren und in das Word-Dokument einfügen

- Sie rufen das Tabellenkalkulationsprogramm Excel auf und markieren und kopieren die Tabelle. Zum Kopieren geben Sie den Kurzbefehl **Strg + C** ein. Danach rufen Sie das Textverarbeitungsprogramm Word auf und erfassen den Text oder öffnen die Datei. Es ist sinnvoll, die Excel-Tabelle in ein Textfeld einzufügen. Mit dem Befehl **Strg + V** fügen Sie die Tabelle in das Textfeld ein. Nun formatieren Sie die Excel-Tabelle. Sie vergrößern, verkleinern oder verschieben die Tabelle nach Ihren Bedürfnissen.

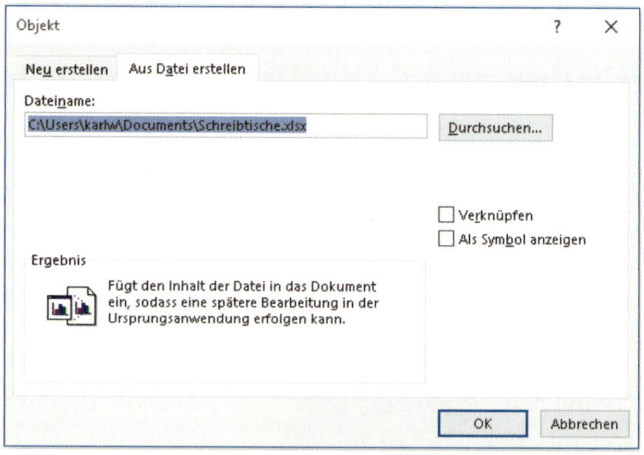

- Bei dieser Art des Einfügens handelt es sich um eine nichtdynamische Verknüpfung. In diesem Fall besteht zwischen den Programmen Excel und Word keine dauerhafte Verbindung.

Excel-Tabelle mit dem Word-Dokument dynamisch verknüpfen

- Wollen Sie, dass die Änderungen in der Excel-Tabelle auch in die Word-Datei übernommen werden, müssen Sie eine dynamische Verknüpfung vornehmen.
- Um die Excel-Tabelle in das Word-Dokument einfügen zu können, rufen Sie das Register **Einfügen, Objekt** auf. Unter den Objekten klicken Sie erneut Objekt an.
- Unter **Durchsuchen** wählen Sie den Dateinamen aus. Nun klicken Sie **Einfügen** an. Um zu erreichen, dass geänderte Daten der Quelldatei (Excel) auch in das Word-Dokument übernommen werden, klicken Sie **Verknüpfen** an.

Arbeitsablauf

Einfügen – Objekt – Objekt – Aus Datei erstellen – Durchsuchen –

Dateinamen auswählen – Einfügen – Verknüpfen – OK

Aufgabe

Erstellen Sie eine Excel-Tabelle und fügen Sie diese wie unten abgebildet in das Word-Dokument ein.

Absatz der Schreibtische im 1. Quartal 20..

Marke	Januar	Februar	März	Gesamt
Ratio	120	87	98	**305**
Ökonom	45	103	67	**215**
Komfort	321	238	196	**755**
Insgesamt	**486**	**428**	**361**	**1275**

Der Absatz unserer Schreibtische konnte im 1. Quartal erneut gesteigert werden. Nach dem guten Ergebnis des 4. Quartals 20.. erhöhte sich der Absatz im 1. Quartal auf 1275 Stück.

Erfreulich ist die Umsatzsteigerung bei der Marke Komfort, von der 755 Stück verkauft wurden. Wenig gefragt war die Marke Ökonom, deren Absatz nur 215 Stück betrug. Insgesamt verkauften wir 260 Schreibtische mehr als im 4. Quartal 20..

7316104

Einfügen eines EXCEL-Diagramms in ein WORD-Dokument

- Sie rufen zunächst das Tabellenkalkulationsprogramm Excel auf und öffnen das Diagramm. Sie markieren die Tabelle. Durch die Tastenkombination **Strg + X** kopieren Sie das Diagramm in den Zwischenspeicher.

Textfeld erstellen und formatieren

- Nun rufen Sie das Programm WORD auf und erfassen den Text, der später neben dem Diagramm stehen soll. Das Diagramm sollten Sie in ein Textfeld einfügen. Dazu rufen Sie das Register **Einfügen, Textfeld** auf. Danach klicken Sie **Textfeld erstellen** an. Sie sehen nun anstelle des Mauszeigers ein Kreuz. Klicken Sie an der gewünschten Stelle die linke Maustaste an und ziehen Sie die Größe des Textfeldes.

Diagramm in das Word-Dokument einfügen

- Um das Diagramm in das Word-Dokument einzufügen, geben Sie **Strg + V** ein. Das Diagramm wird dadurch aus dem Zwischenspeicher in das Word-Dokument übertragen. Sie haben auch die Möglichkeit, das Diagramm über das Register **Einfügen, Objekt** aufzurufen. Unter den Objekten klicken Sie **Objekt** an. Unter „Durchsuchen“ wählen Sie den Dateinamen aus. Danach klicken Sie **Einfügen** an. Um zu erreichen, dass geänderte Daten der Quelldatei auch in das Word-Dokument übernommen werden, aktivieren Sie **Verknüpfen.**

Diagramm formatieren

- Die Größe des Diagramms können Sie durch Ziehen der Maustaste bestimmen.

Arbeitsablauf

Programm Excel aufrufen – Diagramm erstellen – Diagramm markieren – Strg + C –

Programm WORD aufrufen – Text erfassen – Einfügen – Textfeld – Textfeld erstellen –

linke Maustaste drücken und Textfeld ziehen – Strg + V – Rahmen des Textfeldes markieren (äußerer Rahmen) –

Größe durch Ziehen der Maus festlegen

Aufgabe

Erfassen Sie den Text und formatieren Sie das Diagramm, so wie es abgebildet ist.

Das Diagramm zeigt die Umsätze der Tischsysteme im Jahr 20.. Mit 409.396 € ist das System *Ökonom* weiterhin führend. Das hängt in erster Linie natürlich mit der Qualität dieses Produktes zusammen. Auch in der Werbung sollten wir die Vorzüge dieses Tischsystems weiterhin herausstellen. Die Umsätze der Tischsysteme *Komfort* und *Multitop* sind weiterhin zufriedenstellend. Sorge bereiten uns die Umsätze des Tischsystems *Solid*. Hier sind Umsatzeinbußen von bis zu 20 % zu verzeichnen. Für dieses Erzeugnis sollten Sie eine Werbeaktion vorbereiten. Sollte auch diese Aktion keinen Erfolg bringen, werden wir das System *Solid* aus unserem Sortiment streichen.

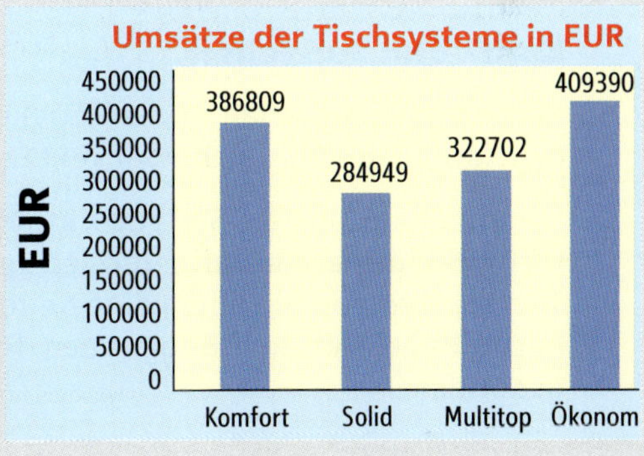

Fußnoten

- Das Programm Word 2019 ermöglicht Ihnen eine komfortable Fußnotenverwaltung. In dem Register **Referenzen, Gruppe Fußnoten,** klicken Sie **Fußnote einfügen** an. Der Cursor springt nun an das Seitenende, wo Sie unter einem Fußnotenstrich hinter der hochgestellten Zahl den Fußnotentext eingeben. Um wieder die letzte Textstelle aufzusuchen, führen Sie den Mauszeiger an die Textstelle und klicken die linke Maustaste an.

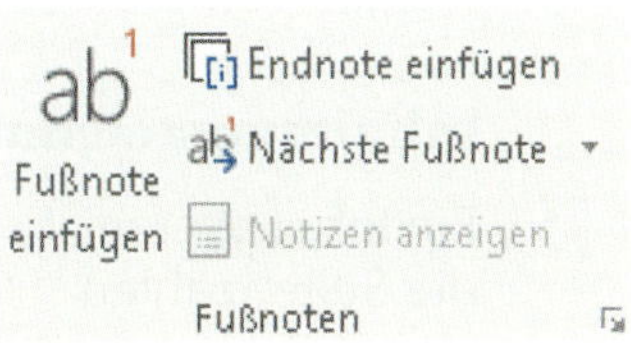

Arbeitsablauf

Referenzen – Fußnote einfügen – Fußnotentext eingeben – Mauszeiger an die letzte Textstelle –

linke Maustaste anklicken

Berichte (Thesenpapiere, Tischvorlagen) oder Facharbeiten (z. B. Hausarbeiten) sollten ein einheitliches Layout haben. Dies dient der besseren Übersicht und Lesbarkeit und hat den Vorteil, dass alle an dem Prozess beteiligten Personen gemeinsame Standards nutzen.

Schrift und Beschriftung

Den gesamten Text formatieren Sie in einer einheitlichen Schriftart. Die gewählte Standardschriftgröße dürfen Sie für Überschriften, Kopf- und Fußzeilen verändern. Kopf- und Fußzeilen sollten sich deutlich vom Text und den Überschriften abheben.

Für den Zeilenabstand können Sie den 1,5-fachen Zeilenabstand oder ein anderes einheitliches Maß wählen. Überschriften trennen Sie vom vorausgehenden oder nachfolgenden Text durch einheitliche Abstände.

Den Text gliedern Sie in Abschnitte und Absätze. Die Abschnitte nummerieren Sie. Wie auch in anderen Texten üblich, steht die Abschnittsnummer vor der Abschnittsüberschrift.

Eine einzelne Zeile eines Absatzes sollte nicht auf einer neuen Seite stehen. Die erste Zeile eines Absatzes sollten Sie auch nicht auf der vorherigen Seite aufführen. Neue Abschnitte oder Gliederungspunkte beginnen auf einer neuen Seite. Je nach Inhalt und Zweck des Textes können Sie die Blätter ein- oder beidseitig beschriften.

Zitate innerhalb eines Textes setzen Sie zweckmäßigerweise in Anführungszeichen oder eckigen Klammern. Fußnoten erscheinen auf der jeweiligen Seite und werden für jede Seite neu gezählt.

Endnoten nehmen Sie am Ende des Textes auf und nummerieren sie fortlaufend. Weitere Hinweise für Titelangaben und Zitierregeln entnehmen Sie bitte der DIN 1505.

Seitenränder

Die Seitenränder sollten dem Zweck des Schriftstückes entsprechen. Ein innerer Seitenrand von 25 mm ist zu empfehlen. Entwürfe oder Texte, die zu korrigieren sind, sollten einen angemessenen Korrekturrand haben. Das können außen 50 mm sein.

Texte können Sie ein- oder mehrspaltig anordnen. Eine Marginalspalte erleichtert das Lesen und befindet sich am äußeren Seitenrand des Textes. In ihr führen Sie Anmerkungen zu bestimmten Textstellen auf. Sie können die Marginalspalte auch für eine stichpunktartige Zusammenfassung verwenden.

Kopf- und Fußzeilen

Eine Kopfzeile enthält in der Regel die Titelzeile und die Seitenzahl, die Sie rechtsbündig anordnen. Die Kopfzeile muss sich vom Text und den Überschriften abheben.

Seitenzahlen dürfen Sie auch in der Fußzeile aufführen. Sie sollten bei beidseitigen Dokumenten rechtsbündig außen angeordnet sein. Die Seitenzählung beginnen Sie mit dem Titelblatt. Auf das Titelblatt setzen Sie aber keine Seitenzahl. In wissenschaftlichen Arbeiten beginnen die Seitenzahlen in der Regel mit dem Beginn des Textteils. Anlagen in solchen Arbeiten nummerieren Sie meistens gesondert.

Titelblatt

Das Titelblatt enthält den vollständigen Titel und weitere Angaben. Dazu gehören Untertitel oder die Namen von Verfassern.

Inhaltsverzeichnis

Ein Inhaltsverzeichnis erstellen Sie für mehr als 10 Seiten. Es enthält die Abschnittsüberschriften und die Seitenzahlen.

Weitere Verzeichnisse und Anhänge

Abbildungs-, Tabellen-, Literatur- und Abkürzungsverzeichnisse sowie Glossar oder Index fügen Sie an das Ende eines Dokumentes an. Sie sollten ebenfalls einheitlich formatiert werden.

Bestimmte Textteile können Sie aus dem Text ausgliedern und als Anlage beifügen, wenn der Hauptteil dadurch übersichtlicher wird.

Abkürzungen		
mit Punkt	i. A. z. B.	bzw. usw.
ohne Punkt	GmbH BGB	EUR kg
Anführungszeichen	„sehr gut“	Marke ”Luxus“
Auslassungspunkte	Die Bedingungen ...	
„bis“	20,00 – 25,00 EUR	09:00 – 12:00 Uhr
Dezimalzahlen	1.250,35 €	0,07 €
einfache Zahlen	5 000 Stück	5 000 000 Einwohner
Gleichheitszeichen	1 kg = 1 000 g	25 km = 25 000 m
Hervorheben	Zahlen Sie bis spätestens **25. März d. J.**	
IBAN	IBAN: DE36 4405 7500 0000 5135 83	
Kalenderdaten		
alphanumerisch	1. November 20..	1. August 20..
numerisch	20..-11-01	20..-03-17
	01.11.20..	17.03.20..
Klammern	Bayern (München)	Unterschrift(en)
	Die Tasten <Einfg> und <Entf> bedienen.	
Kurzstrich		
Bindestrich	Hamburg-Altona	Theodor-Heuss-Allee
Ergänzungsstrich	auf- und abladen	Postein- und -ausgang
Langstrich		
Gedankenstrich	Sie versuchte es – leider ohne Erfolg.	
„gegen“; Streckenangaben	HSV – Schalke 04	Frankfurt – Stuttgart
Ordnungszahlen	5. Platz	VII. Stockwerk
Postfachnummern	Postfach 3 33	Postfach 1 45 78
Promille	0,4 o/oo	1,2 o/oo
Rechenzeichen		
Subtraktionszeichen	135 – 20 = 115	152 – 53 = 99
Multiplikationszeichen	10 · 3 = 30	150 x 10 = 1 500
Divisionszeichen	100 : 25 = 4	2 000 : 4 = 500
Römische Zahlen	I = 1 II = 2 V = 5	X = 10 L = 50
	C = 100 D = 500	M = 1 000
Telefaxnummern	0441 354921	02921 354519
Telefonnummern	05628 593-185	+49 2921 3541
Uhrzeiten	09:40 Uhr	05:12:03 Stunden
Zeichen für Wörter	§ 1 BGB, §§ 2 – 5, 5 %, 5-prozentiger	

Bildquellenverzeichnis

|alamy images, Abingdon/Oxfordshire: Exß/Bildagentur-online; Rahmen: Microsoft Deutschland GmbH, München 102, 102, 102. |Henke, Karl Wilhelm, Soest: 37, 100, 101, 103, 103. |Hild, Claudia, Angelburg: 4, 7, 7, 7, 8, 8, 8, 9, 9, 10, 10, 11, 11, 11, 11, 11, 12, 12, 12, 12, 12, 12, 12, 12, 13, 13, 13, 13, 15, 15, 15, 15, 16, 16, 18, 18, 18, 18, 18, 21, 21, 21, 21, 21, 24, 24, 24, 24, 26, 27, 27, 29, 29, 29, 31, 31, 31, 31, 31, 55, 59, 60, 63. |Microsoft Deutschland GmbH, München: 5, 5, 5, 6, 6, 6, 9, 9, 9, 10, 16, 17, 19, 19, 19, 22, 22, 23, 28, 28, 32, 33, 33, 33, 33, 33, 33, 34, 34, 34, 34, 34, 34, 34, 35, 35, 35, 36, 36, 36, 36, 36, 36, 36, 38, 38, 38, 38, 38, 39, 39, 39, 39, 39, 40, 42, 42, 42, 66, 66, 66, 66, 69, 69, 69, 69, 69, 69, 69, 80, 80, 80, 80, 86, 87, 87, 88, 88, 88, 88, 88, 88, 88, 88, 89, 89, 89, 89, 89, 92, 92, 94, 94, 94, 94, 94, 94, 94, 94, 94, 94, 94, 94, 96, 96, 96, 96, 97, 97, 97, 97, 97, 98, 98, 98, 98, 98, 98, 98, 98, 99, 99, 99, 99, 99, 99, 99, 99, 99, 99, 99, 99, 99, 99, 99, 99, 100, 100, 100, 100, 100, 100, 101, 101, 101, 101, 102, 102, 102, 104, 105, 105, 105. |stock.adobe.com, Dublin: fotofabrika Titel.

Wir arbeiten sehr sorgfältig daran, für alle verwendeten Abbildungen die Rechteinhaberinnen und Rechteinhaber zu ermitteln. Sollte uns dies im Einzelfall nicht vollständig gelungen sein, werden berechtigte Ansprüche selbstverständlich im Rahmen der üblichen Vereinbarungen abgegolten.